Eating
in Theory

Annemarie Mol

吃的哲学

〔荷兰〕安玛丽·摩尔 著

冯小旦 译

上海人民出版社

维萨里《人体的构造》插图

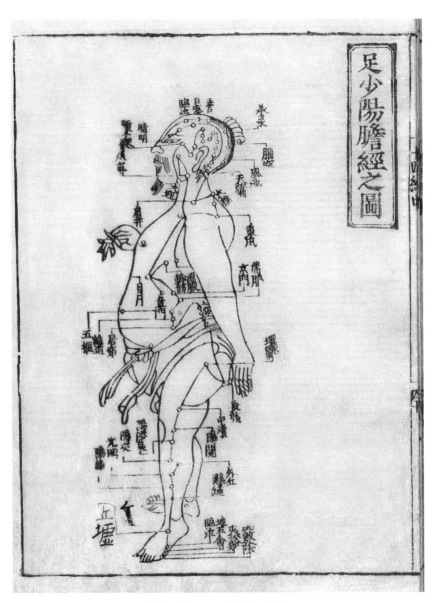

滑寿《十四经发挥》插图

名家推荐

这本书文笔清丽，组织优雅，论证精辟，是一本鼓舞人心且激进的书。安玛丽·摩尔有效地推翻了那种不把人看作有思想和有形体的生命的心态。虽然她提出的是哲学问题，但这本书将在处理各种人类学材料的人中找到广泛的同情，并对那些询问学术是否能告诉我们新东西的普通读者提供一个引人注目的挑衅。

——史翠珊（Marilyn Strathern），英国著名人类学家

安玛丽·摩尔以其标志性的明快诱人的散文，通过吃——吃的社会行为、感官体验和代谢过程，来重新代谢我们许多人所吸收的关于认识和关联、存在和行动、主体性和能动性的智慧。《吃的哲学》提供了一个滋润性的多元视野：人类与周围环境相互渗透、相互依存而非自治，同时也渴望进一步的思考。这是一本值得品味的书。

——希瑟·帕克森（Heather Paxson），麻省理工学院人类学教授

我不知道有哪位健康研究者能如此令人信服地将健康从个人身体中剥离出来，并将其置于身体所依赖的集体生态中……没有哪本著作比本书更与当下危机相关。

——阿瑟·弗兰克（Arthur W. Frank），加拿大著名社会学家

身体是多重的，那么经验也可以是多重的吗？摩尔将通过饮食这种"探索性的、迂回曲折的行动"，来向我们展示自我、身体与周遭环境的边界如何被不断超越。原来是我吃，故我在呀。

——王程韡，中国科学技术大学科技史与科技考古系特任教授

如果说听觉继视觉之后在哲学领域日渐重要，那么《吃的哲学》开启了对味觉的思辨。安玛丽·摩尔以吃为主题，反驳人类例外论，主张生态可持续发展，让人类不再被看成是世界的中心。去等级化的人、植物和动物等如何更好地相处，是本书的视角和启示。

——肖剑，浙江大学"百人计划"研究员，博士生导师，策展人

目 录

一个尚未解决的问题是，所有这些对吃的关注给政治留下了什么？

阅读说明

　　各位读者会看到，这本书中的部分页面是由两栏组成的——正文和边栏。这是我与杜克大学出版社共同设计的写作实验，目的是扰乱读者传统、线性的阅读方式，尝试一种新的、非线性的碰撞与交流。为阅读方便，同一篇边栏文将出现在连续奇数页或连续偶数页。在阅读边栏时，各位读者可以在读完一页后直接翻到下一奇（偶）数页继续阅读，或者也可以将书页轻轻对折、将两页边栏"并"成一篇后阅读。当然，边栏与正文是对照呼应的。现在，开始阅读吧！

第一章　经验哲学

在当下的全球性问题中，关于生态可持续性的那些问题尤其紧迫。因此，无怪乎来自各种学科背景的学者都寻求在智识上把握这些问题。本书试图协助这种诉求。本书不提供实际的解决方案，但也确实提供了一些建议——关乎社会科学与人文学科的理论工具如何能够应用于环境破坏的紧迫现实。我的贡献将以一次经验哲学的运用的形式呈现。我将以关于吃的民族志故事作为灵感来源，试图丰富现有的哲学汇辑（repertoires）。这很紧迫，因为学术界目前所使用的理论术语是用来处理过去的问题的。这些问题并没有消失，而为攻克它们所制造的术语，也不再恰如其分地适于分析当今人类对于地球生命的影响。这是因为这些旧有的术语，被灌注了一种对"人类"的等级化的理解，在这种理解中，思考和交流的地位被提升到了饮食和养育之上。我想知道，如果我们想要干预这种等级划分，会发生什么呢？如果我们把对肉体的维持看作是有价值的事情，看作是不仅仅是服务于实用目的、还在理论上也有突出意义的事情，会怎么样呢？

在这种语境下，"理论"一词并不指代基于一系列广泛事实的分析过程得到的总体性解释图式。相反，它指的是有助于形成我们所感知和应对之事实的那些词汇、模型、隐喻和句构。它指涉一种思维装置，该装置能够使一些思想产生并被阐明，而另一些思想则沦为背景或完全被遮蔽。如果"理论"既会打开又会关闭一些思维方式，那问题就在于，当今学术界盛行的理论汇辑帮助阐明了些什么，又让哪些内容噤声了？我关注的是：当代社会科学和人文学科所借鉴的理论汇辑之大成是与人文主义理想联系在一起的，例如从封建领主那里寻求自由、保护人类不被异化，或构想和平的政治格局。在过去的一个世纪中，学者们为人类尊严而发声，反对工业化流程将人类作为资源使用的方式，坚持不应将人类作为实验室研究中无声的对象，并在数百万人被杀害的战争面前捍卫理性和正当程序。反反复复的声音在呼吁：人类理应得到比过去和现在的许多人被赋予的更多的尊重。但是，当人权，至少在理论上，被赋予了全人类时，人类，同样是在理论上，与世界余下的部分是分离的。他们所具备的思考和交流的能力，使他们与众不同。这就是**人类例外论**——相信"人类"是一种尤被眷顾的生物。

在过去的几十年间，人类例外论受到了广泛的批评。批评者们并不否认，试图保护"人类"免受胁迫、异化和暴力等伤害是有意义的，但他们质疑的是将我们的这份同理心局限在人类身上。批评者们认为，地球上的其他生物乃至非生物也应该得到类似的尊重。近年来，多物种学术研究关注大象、狗、西红柿、蚯蚓、三文鱼、橡胶藤、小麦等生命形式；此外，"超越人类"的研究还涉及岩石与河流、水与油、磷与盐等各种各样的东西。[1] 参与这些研究的学者们试图用他们自己的术语来探索这些现象。但这些术语是什么？我们可以讨论绵羊、微生物或是分子的**能动性**，或是赞美蜱虫、藤蔓或岩石独特的**主体性**。但我关注的是，诸如"能动性"和"主体性"这样的术语，完全是基于对于"人类"某种特定的理解，这是一种（基于一些更早期传统的）在20世纪哲学人类学中成型的人本主义版本。本书正是从这一观察出发的：刻在我们理论装置中的"人类"不是人类**范畴**（*the* human），而是**一种**相当特殊、高于其他生物的人，正如他（原话如此）[1]的思想高于他的身体在尘世之中的参与。因此，将"人类"的特质散播到世界其余事物上，以劫夺的方式消解人类例外主义是不够的。这些特质也应该被重新审视。生而为人，究竟意味着什么？

人本主义哲学传统的思维装置充斥于当代"国际"社会科学和人文学科之中。在本书中，我主要参考用英语完成的作品。这并不是说邻近语言中产生的理论是极为不同的。德语和法语对我要书写的某些特定哲学人类学版本的形成很关键。为了表明我是在荷兰长大与受教育的，我也会运用一些荷兰语资料。但是，这些邻近的语言之间的共同点与摩擦超出了本书讨论的范畴。2总的来说，我对我探索的确切边界不作细究。我想做的是介入目前英文学术世界中留下的关于"人类"的等级化的痕迹。这种等级化有着一些变体：有时候，"人类"被分为两个互相叠加的物体：一

[1] 摩尔在此处指相关学者在行文中使用的第三人称代词是"他"（he）。我们在下文中会看到，摩尔会有意在类似语境中使用"她"（she），以对抗此种语言使用风格。——译者注

个卑微的、凡人的身躯和一颗高尚的、有思想的头脑。在别的地方，被区分的不是物体，而是活动。在这种情况下，饮食、呼吸等新陈代谢过程被认为是基本的，运动处于高一些的位置，知觉还要再高，而思考则是最高等级的活动。在其他学术著作中，对于感官的评判是比较性的，这致使嗅觉和味觉受到不信任，触觉也被怀疑，而视觉和听觉被赞誉，因为它们提供了关于外部世界的信息。在本书中，我详细地探讨了这种等级划分，但这则简短的概要已经表明，在某种程度上，吃（与身体实存相关，是一种新陈代谢活动，亦涉及不可信的感官）被持续地贬低。这启发了我的追问：如果我们停止赞美"人类"对世界的认知性反思，而是从人类与世界相关的代谢参与中获得线索，会怎么样？换句话说，如果我们的理论汇辑不是从"我思"，而是从"我吃"中汲取灵感，会怎么样？

为了回答这个问题，我分析了目前的理论汇辑中受到"人类"等级化思想影响的一些方式。作为对比的参照点，我将不断地介绍关于吃的典型情况，提供诸多替代性的理论灵感来源。这些介入被归纳在一系列概括性的术语之下。为第二章提纲挈领的术语是**存在**。经过审视，这一抽象的术语有着相当具体化的指涉，即三维的、具身的人类**存在**，身处在围绕着他们延展开去的周边环境。这类存在的一个重要典型形象是步行者。但当步行者们（把一只脚踏到另一只脚前面来）移动他们的身体，穿越其周遭环境时（move bodies through surroundings），进食者们（在咬、咀嚼和吞咽时）则是使周遭环境穿越他们的身体（move surroundings through bodies）。这使他们成为了另一种**存在**。第三章是关于**认识**。认识通常被描述为发生在一个主体在一定距离内感知到认识

4

客体。但是，如果远距离的认识是经过编排的，那吃东西的时候，认识客体就会被纳入认识主体。这就使得认识的客体和主体都发生了转化。对于第四章的主题——**行动**（doing），现存的理解是以意志动作中隐含的能动性为模型的，比如手臂和腿的自主运动。在进食时，手通常会把食物移动到嘴里。吞咽也是一种肌肉活动。然而，随即而来的消化过程不能像前两者一样被训练，并且，它不是由一个中心引导的，而是构成了一种分散的、搅动的行动。第五章涉及**关联**。20世纪的学者们已经探讨了人们如何，或应当如何重新与彼此联结。他们强调给予比接受要更好，或者坚持亲属与伴侣关系的意义。对这种联结的坚持，是以联结者之间的平等为前提的。然而，进食是一种不对称的关系。这就把问题从如何实现平等，转向了如何避免抹杀差异。最后，

术语与变革

1971年，荷兰公共电视台播出了一场关于**人性**的哲学辩论。两位辩手分别用自己的语言发言——诺姆·乔姆斯基用美式英语，米歇尔·福柯用充斥着长句的法语，而荷兰主持人则主要讲英语，但不时切换为法语。这场辩论有荷兰语字幕和背景解释，后者是由公共知识分子、格罗宁根大学哲学教授洛莱·瑙塔提供的。我在1977年看过这场辩论的录像，那是在我作为乌特勒支大学哲学系新生的第一周。十年后，洛莱·瑙塔（当时他已是我的博士生导师）在一次与一群同事一起进行的研讨会后的聚餐中告诉我们，福柯起先一直不愿意参加这场辩论。他是在得知拟任主持人方斯·埃尔

在第六章中，我关注的是社会物质的政治学问题，并回归理论。我没有把本书中的经验教训融合成一个连贯的整体，而是让它们保持原样：本书是一块五颜六色的拼布，一首复调音乐，或者你愿意的话，也可以是一顿自助餐。

5　　　这是一本难读的书，因为它以一种不寻常的方式游走在理论装置和经验构型之间。书中讲述的经验故事并不导向关于吃本身的理论结论；相反，它们是为了重新唤起我们对**存在**、**认识**、**行动**和**关联**的理解。在过去近十年的时间里，我阅读了相关文献，并以民族志的方式研究了吃的各种情境。基于这些工作，我独自或与他人合作撰写了一些文章，涉及的议题有：饮食愉悦在医疗保健环境中的重要性，营养科学的汇辑与节食观念间的冲突和张力，以及研究项目的利害关系是如何影响食品事实的制造的。[3] 在本书中，我的分析有着不同的目的：它们所做的是哲学工作。因此，我的主要目的不是为食品研究或者饮食研究作贡献。我感激于借鉴这些领域的学术成果，但本书与其说是**关于**吃的，不如说是从吃中获取线索。吃为理论提供了启示，它重新考察了那些使学术写作成为可能的术语、模型和隐喻，以及大量的社会物质基础。在这个意义上，理论并不描述世界，而是成为一个提供多元描述的工具箱——尽管它也并非无限的。在现下正在进行的各种辩论中，理论工具往往被用以固执地维护那些截然不同的立场。然而，它们并不是固定的。**回顾**它们是可能的——即便这需要努力。这首先需要挖掘和剖开过去，仔细地重审那些筑入既定理论比喻的关切，然后需要放下这些比喻，提出允许其他思维方式产生的语言切入口。

《吃的哲学》是一本扎根于经验主义哲学传统的书，在每章大标题下以简短而密集的小节形式写成。您现在正在阅读的是第一章的第一部分，在这一部分中我总结了《吃的哲学》一书的著书意图。在下一节中，我提出了一个**人类**等级化模型的典型例子，它来自汉娜·阿伦特于 1958 年出版的《人的境况》一书。[4] 在我对这本书的简要分析中，我无法针对阿伦特在写作时想要达到的目的作出公正的评判。相反，我希望能够让你相信，嵌于其（以及许多同类书籍）理论装置中的"人"的等级化版本确实应该被撼动。为了介绍"经验主义哲学"，接下来的一节探讨了哲学规范性（normativity）和收集经验事实之间的经典反差问题。再之后的一节阐述了如何通过剥夺哲学所谓的超验性，并追溯那些栖于主流理论比喻中的经验现实，使这些对立面被黏

德斯（Fons Elders）是第一个在荷兰电视节目上裸体现身的人后（很可能也是欧洲第一个），才接受了邀请。在福柯接受邀请后，留给现在穿戴得体的埃尔德斯的任务不仅是弥合英语与法语之间的差距，还有弥合两种完全不同的思维汇辑之间的差距。

这场辩论目前可以在 YouTube 上观看，并配有英文字幕（https://www.youtube.com/watch?v=3wfNl2L0Gf8）。而在当时，不管是 YouTube 还是相关的创造发明，比如个人电脑、智能手机和互联网，都是人们未曾敢梦想过的奇迹。相反，梦想所勾画的是"变革"（the revolution），而这并未得以实现。尽管发生了很多转变，但都不是那一场变革，尽管**变革**一词是二位辩手唯一一致赞许并使用的词汇。他们对其他的一切都持不同意见，当然也包括他们被要求进行评论的主

6 合起来。这就带来了一个问题，即替代性的"经验现实"可能提供哪些理论上的启发。例如，我们最先想到的是与吃有关的现实，但什么是"吃"呢？经验主义哲学不仅使"哲学"接地气（down to earth），并且也改变了"经验"。再下一节追溯了现实是如何被理解为多种多样的、有着多重版本的存在。

在本章的最后一节中，我多写了一些关于**吃**的故事，使本书更具活力和生气。这些故事的局限和狭隘是我有意为之的，它们局限于我与其他一些研究者们开展研究的具体地点，包括康复诊所、疗养院、研究实验室、商店、餐馆、厨房和客厅，其中大部分位于荷兰。我不仅以我所观察到或谈及的饮食实践为素材，还使用了我作为食客参与其中的那些材料。如是结合在一起的领域中，**吃**呈现出多种形式：摄取、储能、宴客、止饥、取乐等等。这些变式构成了众多的智识灵感来源。在整本书中，我调用了不同版本的吃，选择最适合我扰动理论体系的形式来展开立论。但请注意，我在试图介入和干扰既有理论体系时，并没有提供一个融贯、一致的替代方案。这是一本关于理论的书，但它并未提出"一种理论"。相反，它撼动了既有的理论体系，并创造了一些新的切入口。我提供的不是使人安心的答案，而是与吃有关的智识术语和工具。我希望它们能给人以启发。

人的境况

7

这本书在我心中已酝酿多时。它的起点可以追溯到 1977 年，当时我是荷兰乌特勒支大学哲学系的大一学生。[5] 在我们的哲学人类学课上，我们需要阅读汉娜·阿伦特的《人的境况》。"哲学人类学"这个分支学科的任务是以超验的方式描述"人",这意味着超越所有特定的(身体、社会或文化上的)人类个体。我的老师们认为《人的境况》是这一流派的典范之作,是所有哲学系学生都应该接触的。作为一个渴望知识的哲学新人,我十分投入地阅读这本书。我在复杂的段落与有些混乱的整体结构间前行,逐渐掌握了它,并感到愕然。这本书的目的是建立一种抵御极权主义的智识手段,这并不令我吃惊。在20世纪70年代末的荷兰,"如何避免下一场大屠杀"的问题生动地呈现为一种规范性的印记,当时古拉格的恐怖已经获得了足够的公共关注,我也对其有所反思和理解。然而,我的女性主义敏感性发出了抗议。当时许多作家仍然毫无顾忌地将"人"等同于"男人",但阿伦特没有。她写的是"女人",或者更确切地说,根据她的古希

题:**人性**。乔姆斯基坚定地相信"人性"。他认为强调这一点很重要:所有人,无论来自哪里,经历过什么,都有一个与生俱来的共同的核心。被训练成为一名语言学家的他认为,这种共性显而易见地体现在人类学习语言的能力当中。乔姆斯基所提出的科学理论是,所有的人类语言都具有相同的基础语法结构。他认为这种基本的语法是与生俱来的。如果他的理论是科学的,那么它同样也是政治的。乔姆斯基认为,由于人类本质上是相似的,他们在社会中应当得到平等的对待:社会正义实在是姗姗来迟。相比而言,福柯认为"人性"是一种错觉。他没有栖身于人类所共享的说话的能力,而是陈述了不同说话方式之间的多样性。他没有强调语法,而是强调符号系统(semiotics)。在他的学术工作中,他探索了不同的、基于特定历史环境的语

腊资料，她写的是"妇女和奴隶"。这让那些可能被归类为"妇女"和"奴隶"的人处于某种尴尬的境地，但我尚且可以在这一点止步。[6]令我感到愕然的是，阿伦特同意她资料来源的论点，即在古希腊从事日常照护工作的"妇女和奴隶"做的是有失尊严的工作。相比之下，男性"自由民"能开展政治行动，而她对此表示赞赏。我想知道，为什么阿伦特如此轻易地就赞同了古希腊"自由民"庆祝他们崇高政治那自鸣得意的方式，而对所谓的妇女和奴隶们在维持生计上的努力嗤之以鼻？[7]

　　我花了一些时间来整理我的论点，但这本书是我对早期与哲学人类学的际遇迟来的回应。因此，让我就《人的境况》多说一点，它是20世纪西方哲学中对"人"的等级化比喻的（众多）例子之一。汉娜·阿伦特在20世纪50年代写这本书的背景是大屠杀、古拉格和一些不那么明显的暴政形式——她把官僚主义也囊括在其中。她的分析没有考虑到殖民统治下人们的关切，以及他们为独立所作的斗争；他们明显缺席了。阿伦特认为，科学无法为反对暴政提供任何政治保护，因为它们仅仅是收集事实性知识：它们仍是肤浅的，把当下规范中的重点扁平化了。只有艺术、哲学这些规范性的努力，才能提供在极权主义面前捍卫自由所必要的、具有想象力的回应。为了试图提供一种哲学上的贡献，阿伦特从古希腊资料中获取灵感，尤其是亚里士多德。秉承亚里士多德的观点，她主张参与政治是"人"真正的使命。抵御极权主义统治者的诱惑，就要超越肉体的平庸。阿伦特对人类拥有身体，因此意味着他们需要吃喝的事实表示遗憾："对凡夫而言，这种自然的宿命，尽管本身摇摆不定，并且可能是永恒的，但只能招致厄运。"[8]她追求的是避免这种厄运。正是在这种语境下，她对"妇女和奴隶"所从事的这些"没完没了的任务"感到痛惜，这些任务"仅仅"是维持生存所需，并使人类与"自然"联系在一起。她把这些努力称为**劳动**（labor）。[9]高于**劳动**的是**工作**（work），由"工匠"执行，这包括制作具有一定耐久性的东西，如房屋或桌子。它们的坚固性保护人类免受"自然"的颠沛，它们的持久与自然的无常和流动形成了鲜明的对比。人类职业中最高的是**行动**（action），它打破了生与死的无尽重复。在古希腊，参与行动是"自由民"的特权，他们确保他们的城邦不服从于自然法则，而是制定自己的法律。

因此在古希腊，劳动、工作与行动这三者是由不同的社会群体来进行的。阿伦特在阐明了它们之间的区别后，就在哲学上自由地将它们融合在一起，共同形成"人的境况"。在她所提出的哲学人类学中，古

言汇辑允许人们说什么，又使得人们无法想象什么。拿**正义**一词来说，通过呼吁社会正义，乔姆斯基认为自己是一个政治激进分子，但福柯根本不认为这是激进的。对福柯来说，"正义"不是需要努力去争取的**事物的理想状态**，不是在变革后实现的东西。相反，它是一个在当今社会的话语结构中**被塑造成一种理念的术语**。"正义"的概念对于警察（在法国和美国）和致力于阻止变革发生的司法部门来说都是至关重要的。

瑙塔以说教的方式进行他的工作，试图保持中立，并解释这两种立场的动因。他显然很享受这项任务。按照今天电视节目的标准，他的叙述感人至深地冗长，摄像的机位、拍摄过程中切或未切的镜头、肢体语言、服装、发型以及观众的提问也都明显过时了。但当时，它们并不令人惊讶。在某个时刻，福柯以一种略带高

9

希腊语中的 anthropos，即人类，是一个拥有等级制度的综合体。其中，层级最低的是 animal laborans，即"劳动的动物"，他们通过重复性的照护工作，确保生存所必需的食物、饮料和清洁。位居其上的是 homo faber——这次不是动物，而是人类中的"制造者"，他们制造有助于保护人类免受自然之危险的耐用品。等级制度中最高级的是 zoon politicon（政治动物），即"政治存在"，他们的创造力使得人类能够自己组织成一个社会。当政治存在参与行动时，他与自然及其生存之必需决裂。正是这种决裂引起了阿伦特的规范性关注。她认为，打破与自然的关系，标志着"**真正的人类**"。阿伦特批评了那些没有对政治动物进行歌颂的政治理论，特别是 19 世纪各种版本的自然主义。阿伦特写道，自然主义者试图通过强调饮食，来摆脱笛卡尔式的人类意识与物质世界的二分法。他们将人类理论化为"一个活的有机体，它的生存有赖于对外界物质的吸收和耗费"[10]。这样一来，物质世界就不再与"我思"对立，而是进入了人的"存在"。阿伦特写道，尽管这听起来很诱人，但却是基督教过分重视人类生命的又一表现。[11]生存不是使**我们**成为人的原因，自由才是。

如同她所崇拜的"希腊人"一样，阿伦特对生存所必需的日常琐事缺乏耐心。这种不耐烦，与她自己明显属于"妇女和奴隶"这一点并不冲突。相反，这符合她试图突破"妇女"被赋予的社会地位的努力。阿伦特寻求以一种解放的模式，用"哲学家"的身份来生活和工作——不管这对于一个在别人眼中轻易就被认为是"妇女"的人来说是多么困难。作为一名哲学家，阿伦特对政治存在大为称颂，反对极权主义秩序使人们只盲目地关注生存。然而，大约二十年后，当我读到她的作品时，两性平等的解放理想已经被女性主义批评所补充，后者反思了对于男性之追求的片面赞扬。在这种新的女性主义精神的影响下，我反对将从事维持生计工作的人们，不管是女性还是农民、厨师和清洁工，视为低人一等。阿伦特可能会反驳说，她要贬低的并不是某些人群，而是人类肉体的基质："人类的身体尽管参与各种活动，最后还是会回到自身，只关注它自身的生存，并且一直被囚禁于自然的新陈代谢中，永远无法超越或摆脱自身运作的循环往复。"[12]然而，到20世纪70年代末，将"自然的循环"视为理所当然已经太晚了。这类观点已明显受到了威胁。[13]我想知道，如果"身体"被视为"我们人类"需要摆脱的监牢，那么快感又是什么呢？

《人的境况》只是呈现了横贯20世纪哲学人类学的等级制度思想的一个版本。在本书中，

人一等、就事论事的口吻断言，在变革中，那些他称之为"被压迫阶级"的人，"显然"会对当权者使用暴力。乔姆斯基大吃一惊。他坚称，他认为暴力是不正义的，并强调无论暴力来自谁，他都会反对。我不记得作为大一学生的我是否理解了这场交锋中这个艰难的部分，但这场辩论的学术方面毫无疑问地触发了我的想象。让我印象深刻的是，除了用给定的术语进行论证（就像乔姆斯基那样），哲学家们显然也可以质疑术语（就像福柯那样）。他们可以把某些词汇放在括号中藏起来，避免使用它们，并把它们留在其特定的历史和文化背景中。他们可以刻意地忽略那些原本看起来不言而喻的东西，并将结论悬置起来——甚至是在面临政治紧迫性时。停下来，往回退一步。为了让新事物产生，我们可能需要构想新的词汇。

10

我将重新审视这种思想的其他一些版本。通过这种方式，我们将可能认识到它们在如今的概念装置中留下的痕迹，在我们关于何为**存在**、何为**认识**、何为**行动**以及何为**关联**的想象中所留下的痕迹。这项考察应当有助于我们重新想象这些动词可能意味着什么。但如果我试图摆脱我们哲学先辈们的（某些）理论坚持，我并不是想论证他们在某些意义上是错误的，也不认为我能够得到被他们忽视的、更深层次的真理。相反，我试图将他们的工作与他们想要解决的问题联系起来。这就为"如今关注点发生了什么变化"这一问题打开了空间，比如新陈代谢、生态学、环境破坏等有关问题。因此，在本书中，我并不打算为某个人类群体的解放作贡献，不管他们是农民、厨师还是清洁工。相反，我试图重估他们的追求，他们与生存有关的**劳动**的价值。我试图通过阐明"吃"（及其相关事物）来实现这一目标。请注意，西方哲学传统并不是单一和明确的，在其发展中，吃也时不时被赞赏。以 19 世纪自然主义者为例，阿伦特曾指责他们试图通过关注自我对世界的摄取来打破笛卡尔**自我**与**世界**的二元对立。或者，以笛卡尔自身来说，他的**思**（而不是他的吃）证明了他的**存在**，但在他给他学识渊博的女性朋友们的书信中，他也曾花费数页篇幅讨论饮食建议。[14] 在这里，我将撇开这些复杂的细节，走一条捷径，并进行简化。我的目的并非要为先前的哲学人类学家们主持公道。相反，我试图回顾他们：重新审视他们作品的片段，以摆脱其束缚。

事实与规范

在哲学人类学中，"人"是一个一般形象，是从真正存在的个体中抽象出来的。尽管阿伦特区分了不同**类型**的人类，但她也将"自由民""工匠""妇女和奴隶"合并成了单一的实体，即人类**范畴**，并试图对其境况进行定义。对此，一些学者提出了这样的担忧：不对"人"的定义加以明确，那隐蔽的结果就是只考虑到"男人"。这样一来，哲学人类学所关注的不过是人这一物种的一半，并将男性标准提升为一般标准。表达这一关切的其中一位作者是弗雷德里克·贝滕迪克（Frederik Buytendijk），他在20世纪50年代出版了一本名为《女人：她的本质、外表和存在》的书[15]。这本书的目的，是让"女人"得到应有的认可，并阐明她具有的特殊品质。贝滕迪克认为，"男人"虽然难以了解，但还是形成了一个可以解决的难题，而"女人"（"正如人们广泛认为的那样"）在某种程度上仍然是一个拒予了解的

本书侧边栏中的大部分内容是我从他人的作品中摘来的关于**吃**的故事。这是为了弥补我田野调研情境有限这一局限性。它有助于强调，在我特定的领域之外，**吃**还有无数种呈现形式。然而，本段侧边栏却有着不同的目的。它是一个告诫。它警告：在本书中，我**不会讨论与吃相关的诸多不公正**的现象，无论它们是多么紧迫。同时，我将绕过人们之间由于阶级、性别、祖先、肤色、国家、文化或其他划分所导致的各种不平等的现象。我们有足够多切实的理由去关注这些不公正和不平等，但本书的书写，是我作为福柯的后生而写，而不是乔姆斯基的后生。因此，在本书中，我不去批判那些没有达到既定标准的现实情况，而是试图集中地寻找一些其他的词汇、其他说话与书写的方式。自从1971年那场辩论以来，很多事物都发生了变

谜团。贝滕迪克说，"我们"与其寻求驯服这个谜，不如停止高估男性的成就，欣赏"女人"独特的、难以捉摸的特质，包括她的被动性。贝滕迪克还写道，我们都知道"男人"在他从事的活动中实现自己，在完成事情中实现自己。相比之下，"女人"具有接近自然的美德。用诗意的话来说，她就像一株植物，尤其是它的花朵，慷慨地展现自己的美丽。

并非所有人都欢迎这种特别的赞扬。贝滕迪克的反对者之一是哲学家埃尔塞·巴思。在她写于 20 世纪 60 年代，并于 20 世纪 70 年代成书出版的论文中[16]，巴思并没有对上述（及类似）争议性的结论逐一进行反驳。相反，她驳斥这一刻画"女人"的工程本身。在驳斥中，她借鉴了哲学中的逻辑学，在这一学科中，关于 q 或 p 这样的特殊对象的推理在当时正被关于异质集合（heterogeneous sets）的推理所补充。她认为，女人构成了一个异质的集合，没有哪种逻辑运算可以将这样一个集合中的不同成员融合成一个单一体，并确保能用上"the"这个定冠词。"女人"这一类别的成员并不共享一长串可辨识的、独特的特征。女人只是有共同的生理性别，仅此而已。（与"生理性别"有关的疑问和辩论是后来才有的，详见下文。）如果贝滕迪克担心"人"太容易被等同于"男人"，那么巴思怀有的则是另一种担心。这就是被归为"女人"的人可能被迫需要满足贝滕迪克这样的人对于"女人"的幻想。她并不渴望因为被动、像花一样而被尊重。和其他呼吁解放的人一样，巴思由衷地珍视妇女刚刚争取而来的社会机会，诸如学习哲学和成为职业逻辑学家的可能，它们真的只是刚刚得到的机会。

"人"不仅是一个哲学谜题，也是广泛存在于经验科学各学科中的主题。在经验科学这个竞技场中，如何给"人"分类的问题沿着更多的轴线展开，而不仅限于两条性别轴。其中尤为突出的尝试，是将单一的人类物种划分为不同的生物种族。20世纪早期，体质人类学家测量人的身体特征，如身高、头骨大小和颜面角。[17]一些人希望他们的研究结果能让他们区分来自不同大陆的人群，另一些人的研究尺度更为微观：在荷兰，有人试图对来自不同省份甚至不同城镇的人进行种族区分。尽管投入了大量的精力，这类项目从其自身科学性角度来看，并未特别成功，然而"种族差异"还是被用来给殖民统治合法化。之后，纳粹杀害了数百万人，他们用种族术语将这些人贴上"犹太人"或"罗姆人"的标签。此后，"种族"在欧洲成为了一个禁忌词。[18]在20世纪50年代，遗传学家

化，但是知识分子的智性工作应该作出些什么样的贡献，这个问题仍然存在。但这没什么不好。在当下达成一致没有什么额外的裨益，一些摩擦反而是能有成效的。同时，任何一本书所能做的都很有限，而这本书就是关于用词的方式以及思考所需的模型。它并未概述"人性"，而是进行了回顾。它并未服务于正义，也没有为平等作出贡献，而是就别的良善提出追问。

13

断言，人与人之间的遗传变异不会聚集成边界分明的群体，那些据称属于"同一种族"的人的**内部**差异和这些群体**之间**的差异一样显著。但故事到这里还没有结束。越来越复杂精细的工具使得绘制越来越多的基因成为可能，而越来越强大的计算机使越来越多样的聚类成为可能。因此，将人类划分为生物种族的尝试仍然在继续，常常伴随着过时的分类术语。[19] 同时，人类在差异之外拥有**共同天性**的想法也持续存在着：遗传学学科以绘制"人类基因组"为荣，就好像人类只有一个基因组。整体层面的单一化也伴随着下沉至个人层面的多元化，在后者的情况下，除了同卵双胞胎之外，基因鉴定基于每个人独特的遗传密码将他们区分开来。

　　遗传学家试图将人类群体之间的生物差异与其基因联系起来，而流行病学家则研究人类的身体是如何受到社会和物质环境影响的。他们希望这有助于追踪疾病发生的环境原因。沿着这些思路展开的研究可以得出这样的结论：当生活在海平面上的人们登上高山时，他们的血红蛋白水平会升高；或者，日本男性的心脏病发病率比美国男性低，因为前者食用很多鱼类，而后者则贪食肉类，如果从东京搬到纽约的移民开始采纳新邻居的饮食习惯，他们患心脏病的几率也会相应增加；而日本女性则比北美女性少受更年期症状的困扰，这或许要归功于她们吃了大量的大豆。总而言之，这类结论是，人的身体，无论出身时的起点在哪里，都会因其所处的环境而逐渐产生差异。[20] 这几句话概括了几十年间的研究，满架子的书，或者现在满服务器的期刊文章。在这里，它们表明了以生物学为导向的各类研究，以不同的方式支持或反对将一个单一的"人类"总体类别区分为不同的"人类群体"。

　　与此同时，社会、语言和文化人类学家也探索了人类之间的差异和共性。粗略来说，社会人类学家们断言，人们在社会中聚集在一起，以确保他们在集体中有足够的食物和水来维持生活，有安全的地方来躲避恶劣天气和野生动物，并保护人们免受其他群体的伤害。如果不同的社会以不同的方式运作，那么相关的共性就是所有社会都寻求维持自身。而语言人类学家则根据人群使用的语言汇辑对不同群体进行区分。不同的说话方式使人们思考和言说不同的东西。然而，这也再次产生了一个共同点，即所有人都使用口语、手势和／或书面的符号与他人交流、表达自己和安排事务。最后，文化人类学家们专注于一种更深层次的意义创造。他们收集人们在面对令人困惑的现实时互相讲述的那些故事。一些文化人类学家追溯了不同奠基神话[1]体系之间的共性，其他人则基于民间传说之间的结构相似性，将人们划为不同"文化"，并将文化分成不同"类型"。无论以哪种方式，所有人都被认为是在试图理解世界，并赋予其意义。[21]

所有这些试图明确和理解"人"的经验性尝试，与我在本书中重新回顾的关于"人"的哲学讨论有一个至关重要的区别。不同经验研究者之间尽管存在差异，但都有**如实**呈现现实的雄心。而哲学则认为自己是一种**规范性**的努力。它并不描述和呈现现实，而是试图对现实进行限定、判断和批判。再以《人的境况》为例。如果阿伦特在书中称"人"**是**一种政治动物，她不是在断定一个

---

[1] 奠基神话（foundation myths）指为后世某种思想或观念提供基础的早期神话传说。与创世神话不同，奠基神话并不一定聚集于万物起源的主题，而是对创世神话诞生的文化环境进行定义。——译者注

事实，而是提出了一个反事实。正因为如此多的人对政治**不那么**感兴趣，阿伦特才坚持认为关心**政治**是一个妥善生活之人**应有的**样子。她认为她在周遭观察到的现实没有达到她预期的标准。比起哲学，经验科学不需要拥有相似的规范性，这就是阿伦特称其"肤浅"的原因。她断言，在呈现现实时，科学家们只是重复它，而哲学能够提供更多，即批判。贝滕迪克也有意在表现规范性。他反对将男性特征提升到"人类"的标准。在他的书中，他与西蒙娜·德·波伏娃（Simone de Beauvoir）进行了对话，后者于早些年出版的《第二性》中也坚持认为，"人"并不只有一种性别。但是，尽管贝滕迪克优雅地接受了波伏娃的一些观点，他却激烈地反对她关于男女平等的解放性呼吁。他认为，这在无意中将"男性"保留为标准。而"女性"应该有自己的标准。

很容易理解，巴思对贝滕迪克提出的特定标准并不热衷。毕竟，如果"女人"要像花一样美丽和被动，巴思总会因这种或那种原因被取消资格。要么是她敏锐的推理意味着她不是一个真正的女人，要么是做一个女人意味着她不可能是一个真正的哲学家。经验科学特别希望避免此类判断。对他们来说，不符合规则的人并未**越轨**，而只是构成了**反常**。反常现象不需要被纠正；相反，经验科学家们指出，是关于常规的理论需要进行相应调整。因此，在接触"女哲学家"后，一个理想的实证研究者应该得出的结论是，贝滕迪克关于"女人"是"像花一样美丽和被动"的断言是不真实的。这样，**"真实"**一词改变了它的位置。它不再是说一个（作为哲学家）的人不是一个真正的女人，也不是说一个女人不是一个真正的哲学家。相反，它现在与一个（在女哲学家存在的情况下）不真实的句子有关，即"女人"像一朵花。简而言之，当哲学珍视规范**多过**现实，科学则必须使其结论或命题适应**于**现实。这意味着这两种研究风格无法兼容。学者们被警告永远不要把它们混在一起。经验研究的**实然**和哲学所侧重的**应然**问题必须分开。经验研究者需要注意社会或个人规范对事实的过度影响；哲学家们则鼓励彼此超越事实。后者一致认为，只有**超验**的立场，才有可能与**内在**现实保持距离，并对其保持批判的态度。这就是"经验"与"哲学"之间的差异，这种差异消弭于表面上矛盾的"经验主义哲学"一词。

接地气的哲学

20 世纪的哲学具有建立规范性的雄心。当科学以各自不同的方式寻求建立经验事实时，哲学则赋予自己超越这些事实的任务。[22]这项任务划分在哲学的不同分支中，每个分支都会处理一套对应的规范性问题。逻辑学考察的是如何进行推理，政治理论追问的是如何实现一个公正的社会，认识论关乎如何良好地认识，伦理学关注如何良善地生活，而美学则试图定义美。规范性问题的答案不是来自对经验现实的关注，而是基于抽象推理和理性论证。以上就是当时的观念。但一直以来，这个想法都备受争议。不同的学者以不同的方式介入内在与超验、经验范式与哲学范式的分野。这样一来，**经验哲学**（empirical philosophy）逐渐出现了。我使用该术语，是参考了荷兰哲学家洛莱·瑙塔的建议，他在 20世纪 80 年代末批判性地指导博士生们（包括我）的研究时使用了该术语。[23]为了更好地理解这一流派的学术渊源，我将从维特根斯坦对"正确的推理有赖于明确定义的概念"这一观点的批判

16

开始，然后转向福柯对于反事实规范概念的攻击，并呈现了瑙塔在哲学经典中观察到的经验现实。随后，我们转向乔治·莱考夫（George Lakoff）和马克·约翰逊（Mark Johnson）的论证，即隐喻为这类现实提供了通道。最后，我们将抵达米歇尔·塞尔（Michel Serres）的观点，即不同的经验构型可能会激发不同的理论比喻。梳理这条线索并不是为了作一个思想史概述，而是为了切入和介绍本书中的研究技巧。

20世纪的众多哲学家明确提出，好的推理必须从恰当地定义概念开始，必须明确特定的术语到底指代或不指代什么。维特根斯坦在《逻辑哲学论》一书中强调了这一规范性立场，写道："本书的全部意义可以用以下几句话来概括：凡是可以说的东西都可以说得清楚，而对于不能谈论的东西必须保持沉默。"在该书出版后的几十年间，维特根斯坦远离了学术界很长一段时间，但他一回来，首先试图打破的就是这句话。他问道，为什么哲学家们花了那么多精力来厘清他们的概念，而在其他地方，在日常的环境中，人们无需精确的概念也能把对话处理得很好？两个朋友上午打网球，下午下象棋，他们不需要追究**游戏**一词到底指的是什么。更重要的是，在日常实践中，词语往往不**指涉**任何东西。它们不发挥标签的作用，而是构成了行动的一部分。以两个建筑工人为例，如果其中一个人对另一个人喊"石头！"，他不是在指一个物体，而是在发出一个命令："把石头递给我！"如果他采用的是另一种语气，同样是"石头"一词，也可能是一个请求："请你把那块石头递给我，好吗？"维特根斯坦于1955年出版的《哲学研究》中充满了这种关于日常事件的简短故事，这些故事简洁地传达了他的理论内涵。总的来说，这些故事削弱了语言使用的规范性规则对于其范畴之外的日常实践具有重要贡献这一观点。[24]

维特根斯坦笔下的种种故事是对日常语言使用的类民族志速写。它们表明，日常使用的语言并不符合清晰性和一致性的标准，但这并不意味着它们在实践中有什么问题。人们靠模糊和适应性强的语言过得很好。因此，维特根斯坦认为，哲学家们试图建立的"语言的恰当使用"的种种规范是多余的，它们对于现实来说没有什么价值。在米歇尔·福柯的作品中，他以一种不同的方式用经验研究进行哲学工作。福柯并没有说哲学家们梦想中的规范对社会实践没有什么意义。相反，他认为，哲学家们所认为的超验的规范，自社会产生起，就已经是它们的一部分。因此，这些规范不是反事实的，而是与它们要批判的现实属于同一个话语场。福柯以其对法国历史档案的详尽经验研究来支持他的论点。根据这些研究，他证明了在过去几个世纪中，概念汇辑、社会制度和物质体系是一同形成和发生转变的。规范作为话语的一部分来来去去，同时也在帮助培养和合法化社会物质构型。

福柯所研究的规范之一是"常态"。他指出，在现代社会中，人们不仅受到国王或政府所制定的类似于法律的规则的统治，而且还受到专业人士——从语言学家到医生——对于"正常"和"不正常"划分的影响。违反规则的人们可能会因此受到惩罚，而不符合正常标准的人们则会努力改善自己，以避免沦为社会边缘人。来自法国各省的人们会去学"规范的法语"，并遵从巴黎的专家委员会制定的标准。如果保持当地语言的多样性，他们便被束缚在了自己的省内。以此类推，如果人们生病或精神失常，他们倾向于向专业人士寻求建议、药物、治疗或其他干预，寄希望于这些能使他们恢复正常。因此，语法、健康和神志正常的规范远非反事实的。比起它们维持的批判距离，它们更大的影响是对人口进行了正常化治理。[25] 在此之后呢？福柯的分析被广泛地解读为悲观的宣言，即以这样或那样的方式，现代社会中人们的行为都在受到严格的规训。故事到此结束。然而，福柯的作品也可以被解读为一种对逃离的行动主义呼吁。或者，用他经常被引用的一句话来说（我找不到出处）："我的工作是在曾经有墙的地方制造窗户。"如果历史调查表明，事情曾经是另一种情况，这就提供了一个承诺，即它们可能再次变得不同。也许它们已经在别处变得不同了。由于批判不可避免地陷入被批判者自己的用词当中，因此，走出去、跑出去、玩耍可能是更明智的做法，也能够试验一下替代方案。

因此，当维特根斯坦削弱了制造超验规范的重要性时，福柯则质疑规范的超验性本身。维特根斯坦通过讲述日常生活中的轶事来证明语言实践不会向哲学规范低头，而福柯则通过档案材料来证明规范并不与其所处的社会相对抗，而是帮助维持这些社会。削弱"哲学概念仅存在于超验范畴"这一观念的另一种方式，是证明哲学文本不可避免地包含与其作者相关的经验现实的痕迹。洛莱·瑙塔将这些称为**范例情境**（exemplary situations），这个词改写自托马斯·库恩（Thomas Kuhn）在描述如何教授科学知识时所用的"范例"（exemplars）一词。库恩认为，当学生们学习牛顿物理学时，他们得到的不仅仅是广博的理论，而且还有范例演示。为了掌握"重力"的含义，老师会给学生们看一个从斜面上滚下来的球；为了理解"力"，学生们会观察一个弹簧被拉得变形后又恢复到原来位置的演示。[26] 以此类推，瑙塔认为，如果我们挖掘出背后的经验事件，哲学文本就会变得更容易理解。萨特写道，"人"彼此之间都是陌生的，而瑙塔提出，这背后的**范例情境**是巴黎人行道上的咖啡馆，在那里，孤独的人们一边喝着咖啡或是茴香酒，一边看着过路的陌生人。同样，虽然哲学家们习惯于将洛克解读为一个抽象地书写"财产"的作者，但如果关注其所侧重的经验现实，就会发现他的关注是相当实际的：英国绅士能在北美拥有土地吗？当洛克认为土地的所有权来自对土地的耕作，而美国原住民靠土地生活的方式却不算是"耕作"时，他是在捍卫自己在殖民地拥有财产的个人权利。[27]

范例情境可能以多种方式渗入哲学文本。它们可能与一个唤起共鸣的术语一同移动，就像萨特笔下的"陌生人"一样；它们也可能隐藏在一种关切中，就像洛克对财产的思考那样。隐喻是另一个可能的渠道。以著名的"争论即战争"为例，它构成了乔治·莱考夫和马克·约翰逊所著《我们赖以生存的隐喻》一书的开篇案例。[28] 哲学家们过去往往把他们偏好的对话方式，即"理性论证"，作为替代暴力的和平方式。但是，莱考夫和约翰逊指出，哲学家们在谈及它时用的却是好战的术语。一个人可以**赢得**或**输掉**一场争论，**攻击**他的**对手**，为自己**抵御**这样的攻击，或多或少地采取**战术**，或制定一个长期的**战略**。在哲学系里开完讲座后，讨论会以一句邀请性的"**射击！**"（shoot! ）开始。将战争语言的隐喻移植到争论的环境中，不仅仅是一种口头上的伎俩。哲学家们不只是用这些词语谈论如何**赢得**争论，他们还热衷于真正**赢得**争论——因为他们担心**失败**会使他们变成**失败者**。也就是说，这种隐喻语域（metaphorical register）在 1980 年前后的哲学系中发挥作用，而且不仅仅限于在那年出版了《我们赖以生存的隐喻》的美国。我非常清楚地记得它是如何充斥在荷兰的智识实践中的。这一情形已经发生了变化。如今，学术对话不再主要以类战争的形式上演，不再是关于哪个单一的真理应占据统治地位的斗争。相反，它变成了一种思想**交换**，就好像学术界是一个买卖商品的市场。**所有权**变得很重要，例如，在一篇文章的关键术语后面，作者的名字可能被加在括号里，如"（福柯，1973）"。这样一来，思想就成了知识产权，可以通过商标来保护。这是一个重大的转变，它提供了另一个经验现实通过措辞和隐喻共鸣来发声的例子。

　　嵌入哲学理论的经验现实也可能采取移动模型（traveling models）的形式。米歇尔·塞尔的作品提供了无数这样的例子。例如，塞尔指出，西方哲学充满了具有稳定、固定结构的模型，而缺乏流体或火一样的对应模型。[29] 例如，传递关系（transitive relations）可以看作是以木盒为模型。如果盒子 A 比盒子 B 大，那么 B 就适合放在 A 里，而不是反过来。但是，如果 A 和 B 是布做的袋子，那么较小的 B 就可以将叠好的 A 装在里面。这意味着布料为非传递关系提供了一个模型。或者以时间为例，时间经常被想象为以线性的方式沿着一把固定的尺子延伸：现在已经把过去抛在后面，而未来仍将到来。但是，正如塞尔所说，如果我们把一块手帕作为理解时间的模型，会怎么样呢？当手帕被平铺开来时，过去已经结束，而未来的时间还未呈现出自身。但手帕也可能被揉作一团，这表明过去可能仍在此时此地发挥作用，而未来可能是急性的、威胁性的或召唤性的。再举最后一个例子，哲学家们是否应该清晰地、明确地定义概念？维特根斯坦说，在日常

20

实践中，人们没有这种固定性也能过得很好。塞尔则在思考概念被硬化后的影响：他认为这会扼杀思考。当术语柔软的时候，思考就会变得更精妙；当允许措辞方式黏稠而流动地转化时，哲学就会更多变。为了反对过度的固定性，塞尔提出了可供思考的替代模型：水土混合的泥泞之地，先成形而后消散成雨的云，曲折蜿蜒的道路，以及吞噬一切遇见之物的火。

塞尔很富有创造力。他不仅指出了嵌入现有理论的经验现实：他还"跑出去玩耍"。他把日常实践、历史叙事、既有的范例情境、陈旧的隐喻和坚固的模型抛之脑后，并对替代性方案进行试验。这样一来，新的东西就被阐述出来了。这些"新事物"并不在任何绝对或超验的意义上更胜一筹，最终也符合不了塞尔的前辈们未能达到的适当的哲学（proper philosophy）的标准。相反，它们允许对其他事物进行评论，并回应了不同的关切。这种著述方式正是本书的灵感来源。20世纪的哲学人类学培养了这样一种希望：思考和参与对话的能力可能有助于人类超越肉体暴力。但在如此颂扬理性的同时，哲学人类学贬低了体力**劳动**，并将人类升格到其他生物之上。这并不有助于我们解决生态脆弱性的问题。人类世（Anthropocene）要求我们重新审视我们对**人类**（anthropos）的看法。我们的理论急需其他术语。塞尔用布料、液体和火作为思考的替代模型。[30] 我在本书中的理论灵感来自与吃有关的各种各样的范例情境，途中也进行了对比和补充。

经验的多重性

当**经验**与**哲学**之间的鸿沟得到弥合，当二者黏合在一起，就会使二者都发生根本上的转变。这样一来，正如我刚才叙述的，哲学就务实、"接地气"了。哲学被促使着从日常实践中吸取教训；它被置于产生它的社会环境中；它可以被解读为注入了一些内在固有的范例、隐喻和模型。与此一致，阅读哲学文本不再与探索历史档案或进行民族志研究相对立，而是成为了一种特定的经验研究。与此同时，从事经验研究也发生了变化，而这种变化构成了本节的主题。简而言之，做研究不再被理解为认识一个被动地等待被表述的现实。相反，被研究的现实会伴随研究的复杂性发生转变。不同的操作化会带来不同版本的现实。关于这种转化，有各种各样的故事可以讲述。我在这里想讲的故事，仍然是从维特根斯坦与他的呼吁开始——他呼吁从日常实践的语言使用中获得启示。然后，这个故事转向福柯所坚持的话语之间的分歧。最后，正如我承诺的那样，我将通过回到"女人只有生理性别相同"这一观点，举例说明"现实是多重的"意味着什么。生理性别的确不仅是单一的体系；它有着不同的版本。

回到开头。虽然起初维特根斯坦为寻找坚实的概念作出了贡献，但他后来的工作表明，在日常实践中，人们可以通过使用流动的术语很好地进行沟通。这对经验研究意味着什么？哲学家们认为他们需要坚实的概念来进行推理，而经验研究者们则需要坚实的概念来确保分散的研究结果能够被整合成一个连贯的整体。他们担心放松概念上的严格性会导致碎片化的结果。基于他分析日常实践获得的见解，维特根斯坦指出，在坚定的融贯性和激进的碎片化之间，有一些较为松散的连接方式，其中就包括规定了特定实践中用词的**语言游戏**。当两个朋友下棋时，**国王**这个词让人想到他们棋盘上的一个棋子；当他们谈论政治时，**国王**这个词则让人想到国家元首。二者指的是非常不同的国王，但并没有造成混淆。毕竟，在下棋和谈论政治之间，这两个朋友转变了语言游戏。在第一种情况下，**国王**一词所属的语言汇辑中，还包括了**棋盘**、**兵**和**将死**；在另一种情况下，其他相关词有**宪法**和**善治**。如果研究规则强行要求使用统一的概念，这就意味着一些语言游戏占领上风，而另一些则被压制。凡是不符合胜出的定义的，都无法被阐述。

如果维特根斯坦的语言游戏是与实践相联系的，那么福柯的**话语**则包括允许其出现和凸显的社会方面的**可能性条件**（conditions of possibility）。例如，在 20 世纪中叶以前，法国的法律将与男性发生性关系的男性视为罪犯，而根据精神病学，他们则亦被视为患有神经官能症。司法系统为犯罪者制定了惩罚措施，精神病诊所则提供治疗，目的是将"娘娘腔"的异类转变为**真正**的男人。（顺便说一句：由于男同性恋者被认为是"娘娘腔"的，他们和女人一样，即便不是彻底出局，也总是面临着被剥夺成为哲学家的资格的风险。）但尽管法律和精神病学的话语不同，两者都在贬低男性的同性恋取向，并希望将其扼杀。福柯为了强调这并非不言而喻的事实，提出了他在阅读古希腊资料时发现的一种对比性话语。有趣的是，这些资料似乎在赞美男性之间的性行为。更重要的是，它们并未将有同性恋行为的男性视为"娘娘腔"。一个男人的男性气质不取决于他和**谁**发生性关系，而取决于他**有多少**性行为。不管与谁进行性行为，适当的男性气质是避免过度。无论一个自由民与妇女、奴隶还是年轻男孩发生性关系，都应该是适度和节制的。福柯的结论是，"同性恋"和"男性气质"都不

22

是稳定的构型。它们在不同的时代以不同的方式被理解及体验。比起（在法律上）禁止男同性恋，或是（在精神病学上）将异性恋视为常态的实例，将节制作为一种男性的美德更能够激发不同的性实践。[31]

因此，维特根斯坦和福柯都以自己的方式提出：不同的社会物质形态以及使用文字的方式，使不同的"现实"成为可能。将他们的观点与许多同类型作者的工作放到一起，能够激发理解科学的新方式。在这里，科学对于性别差异的扰动可以作为一个例子。在20世纪60年代，埃尔塞·巴思开始反对对"女人"的刻板印象，她提出"女人"只在生理性别上相同。但事实是这样吗？只要重新审视这一观点，就会发现这似乎是一种过于简单化的说法，因为"生理性别"在不同生物学学科的**语言游戏**中意味着不同的东西，或者换句话说，它在同时存在着的不同生物医学**话语**中所处的位置是不同的。以解剖学和内分泌学为例。[32] 解剖学依赖于解剖尸体的实践，以直观地检查其内部。与此呼应，它表明身体的性别可以从其器官的空间配置中读出：女人有子宫、阴道、阴唇和乳房。相比之下，在内分泌学中，生化技术被用来测量从活人身上抽取的血液中的激素水平。这样一来，女人的定义就取决于雌激素和孕激素的水平，其水平在月经初潮与绝经之间有节奏地交替变化。这些现实的不同版本并不一定能叠加：一个人可能有子宫，但雌激素水平很低；或者她的乳房已被切除，而她的月经仍然规律。作为一种避孕技术，解剖学建议使用避孕套或子宫帽阻止精子游动通过；相比之下，内分泌学则提供了"避孕药"，它含有干扰卵子孕育的激素。因此，解剖学和内分泌学并不只是简单地以不同的方式表现"生理性别"，它们还以不同的方式干扰了女人、男人和异性恋行为。[33]

　　这就是**经验哲学**所认可的理解"经验"的特定方式。"**经验**"一词并不指涉单一的、由不同科学以互补方式所呈现的现实。相反，不同的知识实践以截然不同的方式介入现实。像解剖学和内分泌学这样的学科也许共用"**女人**"这个词语，但这个词唤起了不同的现实。在这些现实之间，既有张力，也有依存关系——换句话说，现实是多重的。[34]这意味着**笼统地**陈述或否定女人共享"生理性别"是相当空洞的。相反，问题在于哪种具体版本的性别得到了呈现，在哪里，效果如何？生物医学的各个分支基于什么，如何编排与整合各自的体系，或者把什么推到了边缘？伴随着这些问题的出现，规范性落到了实处。它不再停留在反事实这一超验范畴，也不再被不容置疑的事实性碾平。相反，它存在于不同秩序模式、不同现实版本之间的对比中，所有的这些秩序化模式和现实版本都同样是内在固有的。批判将采取一种不同的形式：一种秩序化模式可能会成为另一种模式的反事实。在缺乏一个外部的、超验的立场的情况下，规范性问题不能以绝对的语言来回答。但它们仍然可以被提出，不仅仅是由哲学家们以抽象的形式提出，而可以由每一个进行着特定实践的人具体地提出，就在此时此地。[35]

吃

　　虽然我在本书中回顾了哲学人类学——记住它，从而扰动它——但我的灵感是从吃中获得的。但什么是吃？就像"国王""男人"或"女人"一样，吃不仅仅指一件事。这个词出现在不同的语言游戏中，这项活动在不同的话语中被不同地塑造。吃，有不同的版本。因此，这本书不会揭示吃**到底**是什么。相反，我将关注某些特定版本的"吃"，仔细挑选出来，服务于我的理论目的。在连续多年思考**吃的哲学**的同时，我对一系列田野点的**饮食情况**进行了民族志研究。我的大部分田野调研都是在我一直居住的荷兰城市环境中展开，骑自行车或坐火车就能轻松到达。在医疗机构，我了解到，吃东西对于没有胃口或难以吞咽的人来说很困难；在实验室里，我遇到了各种版本的"吃"，包括摄取营养、品尝味道或者感受满足；在餐厅里，我吃到了不同菜系的食物；在会议中，我听到演讲者们争论不同食物对健康的影响，或对地球资源过度消耗表示遗憾，等等。我还从阅读与食物和/或饮食有关的各种文献中学到了很多（关于这点及相关的学术内容，请参见尾注中的参考文献！）。[36] 得益于欧盟的慷慨资助，我与充满活力的同事们组成的团队一起工作，他们研究更多地点和情境下的吃。我从他们那里了解到有关于平日品尝、全球饥饿、排泄、避免食物浪费、灌溉、厨房脂肪、蚯蚓以及减肥的尝试。在团队午餐、晚餐和研讨会上，我们互相交流新获得的见解，逐渐形成了对"吃"万花筒般的理解，这是一种充满张力的组合。在这本书中，我一次又一次地切入这个组合体——只要能够让我扰动对"人类"的既有理解。

　　本书所依赖的田野研究涉及各种人类饮食实践，在少数情况下也涉及非人类的生物。同时，我还厚着脸皮，写了我自己的吃。某种程度上，这是一种方法上的捷径，作为食客的我让作为研究者的我能够轻易地接触到各种细节，否则就难以入手。然而，我使用的第一人称单数"**我**"也是对哲学人类学传统的一种戏说。

我试图回顾的那些哲学人类学家们写"**我**"是为了采取第一人称视角。他们给予主体位置优先性，因为他们对自然科学和社会科学从外部研究人的方式表示忧虑，仿佛将人们当成了客体。他们笔下特定的"**我**"是为了强调，"人"构成了他（似乎原话就是如此?）自身个体经验的中心。因此，当哲学人类学家们写"**我**"时，并不意味着他们的故事仅仅是关于他们自己的，而是具有普遍的显著性。他们关注的主题就是主体**范畴**。我的写作主题完全不是主体这一普遍**范畴**——根本没有这回事。当我书写**我的**饮食时，我试图不断强调每个食客的特殊性。**我的**饮食特点是，有可靠的大学工资，有机会去货品丰富的商店，有过得去的烹饪技能，有一些能抚慰到我的食物口味的偏好。其他人则以不同的方式，吃不同的食物，为他们和他们周围的环境付出不同的代价。社会学中有大量的分类方式来确定"我"和"他人"之间的差异，这些分类方式使我们可以写出我们在阶级、性别、国籍、族群、残障等方面的相似或差异。在这里，我将放弃使用这些类别。我不想把它们从创造它们的环境中抽离出来，然后强加给我收集的材料。有时，这些分类适用于我所写的饮食实践，但有时候它们不适合。我可以考虑它们在每个情形下的适切性，但这就很容易使这本书脱轨，变成另一本不同的书。[37] 我在上文写过，我的目的不是要解放受压迫的人群，而是希望以女性主义的方式，重估那些从事维持生命相关**劳动**的人们被贬低的工作和追求。与这个想法一致，我的经验兴趣也不在于人以及他们之间的异同。相反，我感兴趣的是饮食实践，它们经过重新分析后，迸发出新的理论意义。

25

因此，本书中的"**我**"并不会唤起一个普遍性的主体，也没有代表一个在社会学各既定分类交叉处的焦点。相反，它是对每个食客特殊性和具体处境的提醒。书中这个特定的"我"经常就是我本人，以及至少在某些方面，作者和本书中所列举的食客有相当多的重合之处，这都是很随机的，而非有意为之。这只是方法论上的便利带来的。[38] 在这里，我有最后一个警告：这本书叫作《吃的哲学》，但这并不意味着我有一个**关于吃的替代理论**，更别提一个整体的替代性理论。与本书有关的理论不是一个把各种较小元素整合在一起的宏大图式，如同一个可以容纳一些小木箱的大木箱；它更像是一块布，包裹、折叠着正被我们言说和做着的事。它是一个可供写作的隐喻库，可供思考的一些模型，一些说话的方式和回应的形式。它是一种风格。它并不盘旋于社会科学和人文学科之上，而是允许它们存在，为它们提供条件。这不是人们可以从头开始建立或完全改造的那种理论，但仍有可能对其进行扰动。这就是我在这里着手去做的。我使用关于饮食不同情境的故事来动摇目前对**存在**、**认识**、**行动**和**关联**的通常理解，在这些理解中，"人"的等级化版本被隐藏了起来。需要注意的是，这些扰动仅仅只是一个开始。只有当你感受到这些扰动的启发性，借助它们来思考，并将其中的某些元素运动到写作中，我的扰动才会变得有意义。

第二章 存在

2012 年夏天，我沿着布列塔尼的北海岸走了十天，走完了 GR 步道（Grand Randonnée）的一小段。那里有许多带有白红相间的路牌的小路，穿过法国的各种景观。我当时在度假，但这并不妨碍我的观察力。约十年以前，在英吉利海峡的另一边，地理学家约翰·威利（John Wylie）曾走过英国北德文郡的西南海岸小径。他这番行走可不是在度假，而是试图"探索景观、主观性和身体性（corporeality）的相关问题"[1]。在英国的徒步传统中，威利的探索让他体验到一个浪漫的自我，"为延伸与广阔晕眩不已"[2]。在他回顾性的沉思中，他阐述了在崎岖小路上行走的考验与磨难。他提及了不得不爬的斜坡和踏脚石很滑的小溪。他行走的艰难使他认为，行走并不仅仅只是将自我嵌入风景之中，因为徒步者在努力应对困难时，也发现自己是在与风景**对抗**。他提到他身体不是特别健硕，导致最后"肩膀受伤，髋关节和膝盖疼痛，脚跟和脚趾尤为疼痛"[3]。但他的叙述中也包含对"痛并快乐着"的赞咏。从树林中一条隐秘的小路走出来后，威利为他在悬崖边看到的广阔无垠的海

35

岸线震撼不已。这一景象的壮丽，使他"在风、海浪和地形轮廓的神圣形貌前目不转睛"[4]。在英吉利海峡的欧陆一侧，我的布列塔尼之路同样让我看到了奔流的水、翻滚的波浪与五颜六色的岩石这些绝妙景色。除了这等壮丽美景外，我还享受行走本身，以及沿途看到的小东西：奇特的大门，史前的墓碑，有趣的花丛和鸟儿。我只背了一个小背包，因此我的路途很轻松。如果说我有什么烦恼，那就是饥饿、口渴和经常出现的摇摇晃晃。

多数的早晨，我出发的村子中的商店还关着门。十多年前，我已停止食用小麦，这在一夜之间解决了我长期的慢性肠道疼痛，并逐渐改善了我的整体健康状况。在这个地区，可爱的小麦面包是最容易获取的食物，这使我的觅食变得困难。因此，我的午餐是一个苹果和一个从旅店早餐桌上拿的鸡蛋，再加上一个我自带的不含小麦的坚果能量棒。这顿午餐对于一个徒步者来说并不多。因此，这个假期中有一晚让我印象深刻，我饥肠辘辘地坐在一家小餐厅的天井里，吃了一大块布列塔尼荞麦煎饼，上面有山羊奶酪和蜂蜜。我沉浸在各种质地与口味给我的味觉带来的欣喜之中，但更令我满足的是这顿饭带来的一扫疲劳、重新振作的感觉。吃是多么幸福的一件事啊！实在是一个令人难忘的时刻。相比之下，威利对吃就没有什么可说的。或者准确地说，他**确实**提到了吃午饭。"我刚走过一个地方就停下来吃饭休息，"但紧随逗号之后，他那地理学家的注意力立即转移到他所停下的**地方**，"这里近期竖起了一块石头和牌匾，以纪念其旁在第一次世界大战中被鱼雷击沉的格雷纳特城堡号（Glenart Castle）医疗船，击沉于1918年2月26日凌晨。"[5] 当然，在关注其历史深度时，景观就变得更为有趣。但仍令我感到有些惊讶的是，威利仅仅是顺便提到了吃，就好像它本质上无趣、不值一提。

　　我的惊讶还有一个实际的层面。显然，威利很轻松地解决了觅食的问题。而对我来说，思考什么时候去什么地方吃什么，在我长时间行走中常常出现——这不仅仅是由于我不吃小麦。除此之外，这里还出现了一个理论上的困窘问题：为什么这么多关于"景观、主体性和身体性"的写作都把吃视作理所当然？威利绝不是唯一一个对这个话题意兴阑珊的人。我的行李袋里有一本《行走的方式》(Ways of Walking)的精装本，我一路带着它，从布列塔尼的一家小旅馆开车到下一家。这是一本文集，包含十二个关于在不同背景和地区里行走的饱满的章节。[6]当我到达晚上睡觉的地方，我就会把它翻出来，从中获得真正的智识乐趣。但奇怪的是，没有一个章节就行走和饮食的关系进行探讨，即便是在写得很漂亮的关

白人和轻食

　　在著作《白人的意义：奥罗凯瓦文化世界中的种族和现代性》(The Meaning of Whitemen: Race and Modernity in the Orokaiva Cultural World)中，伊拉·巴什科夫(Ira Bashkow)将white man（白人）合并写成一个单词whiteman。这种拼写方式最符合奥罗凯瓦人对白人的理解。奥罗凯瓦人是新几内亚的一个族群，巴什科夫对他们进行了长期的田野调研。巴什科夫详细解释了奥罗凯瓦人如何评价和领会这个世界，这符合巴什科夫的信念："我们人类学家"应该"超越我们目前对自我批判的沉迷，打开我们自己，探索我们所拥有的毋庸置疑的权力和财富，如何被他人以多种方式所理解和感受"(259)。巴什科夫敞开自己

于半游牧人群跟随牧群吃草轨迹行进的一章，也没有关注到这些人在何时何地吃些什么。类似的缺位也从威利所携带的书籍中体现出来。"在我的背包里，除其他外，还有德勒兹的《褶子》、梅洛-庞蒂的《可见的与不可见的》、林吉斯（Alphonso Lingis）的《命令》（*The Imperative*）和巴什拉的《空间的诗学》。这些材料周旋于脚步声、海浪声、混乱而蜿蜒的海岸线景色与海上日落之间，循环往复。"[7] 威利的身体在这么大的负重之下，难免受些皮肉之苦（这是在 21 世纪初，当时的技术还未能实现以一个轻便的设备装下整座图书馆）。但无论威利的书有多重，它们都具有一个共同的疏漏：它们都将食物和饮料置于背景中，隐于人类生活中真正重要的东西之后，视为前提条件，而真正重要的东西是：我们作为穿越无限延伸而包容的空间的主体，理解世界，获得对世界的智性把握和情绪知觉。

20 世纪哲学人类学的追求之一是使认知"接地气"。它不再假定**思想**（thought）仅存在于超验的范畴中，而将思考（thinking）认作是人类在生活中不断参与的一种内在的活动。莫里斯·梅洛-庞蒂在这方面做了大量工作。他试图将"我思"与"肉身"联系起来。笛卡尔曾著名地断言，他的**存在**被他的**思考**所证明，而梅洛-庞蒂则反驳说**我是**"我的身体，并且通过这个身体，我与世界周旋"[8]。笛卡尔笔下的思考中的"**我**"试图将自身与其物理位置分离开，而梅洛-庞蒂的"与世界周旋着的身体"位于某处，移动、穿越周围环境，这一点很重要，因为这就使得知觉，进而是认知成为可能。梅洛-庞蒂还说过："当我在我的寓所中走动时，如果我不知道不同视野是我从这个或那个点看到的寓所，如果我没有意识到自身的运动，不知道我的身体在这些运动的不同阶段中保持同一，那我就不可能意识到寓所呈现给我的各个角度，是其作为同一事物呈现的不同方面。"[9]梅洛-庞蒂指出，他之所以能够感知到他的寓所是一个具有同一性的居所，是因为他可以以一副完整的身体步行穿过其间。这样，他的现象学版本以一种特殊的方式设定了"**存在**"——作为一个在充满各种实体的三维世界中心的具身的人。为了强调这种主体位置的重要性，梅洛-庞蒂没有把主体称为"他"，而是"我"。而这个**我**能够通过改变**我的**位置，来知觉**我的**身体和周围的环境，与此同时保持着**我的**同一性。[10]

　　我想知道，如果梅洛-庞蒂用来思考的范例情境——步行穿过寓所被另一个范例情境——吃一顿饭所取代，**存在**会发生什么变化？以我在布列

去接触的奥罗凯瓦**他者们**，将"白人"作为一个词语，不仅用以指肤色浅的人，还指在其他一些方面"浅"的人。或者说，甚至肤色浅都不是重点，但肯定有其他方面轻或浅的体现：他们手和脚的皮肤是柔软的，没有因辛勤工作而起茧。他们与其他人的关系很弱，需要履行的义务很少。否则他们如何能够这样轻易出走，远离家乡？他们没有根基。他们不吃自己种植的沉重的植物，而是吃用钱买来的轻食。根据奥罗凯瓦人的说法，人类吃什么东西，就有什么东西的特征。奥罗凯瓦人主要食用他们称之为重食的食物。他们的基本主食是芋头，芋头使他们的身体强健，有助于睡眠，并将他们与这片生长出食物的土地紧密相连。在节庆场合，奥罗凯瓦人也吃猪肉。人们不吃自家养殖的猪，只吃别人赠予的猪。这就是奥罗凯瓦人的"重"，即未尽的义务。如果别人给予了你食物，有朝一

29

塔尼餐厅吃的荞麦煎饼配山羊奶酪和蜂蜜为例，每咬一口，我就把方才还在我之外的、世界的另一块碎片纳入自己。渐渐地，食物从我的盘子里消失了，而我也从颤抖转为满足。水和草本茶增加了我的满足感。吃完后，我对服务员说了声"谢谢"，付了账，从椅子上起身，回到当天的旅店里，上楼走进旅店给我安排的房间，继续阅读《行走的方式》，享受一夜好睡眠。第二天一早，我又可以开始徒步了。在这一天中，我以尿液和粪便的形式，将食物残渣和身上多余的产物，排泄到灌木丛和厕所中。这些事情能够使我们了解到关于存在的哪些东西？这里有一条底线：作为一个食客，我首先不是去理解我周围的环境，而是直接与它们混合在一起。反过来，环境中可以被食用的部分，无论它们事先身处何处，都会在我的体内重新集合。我将在下文中更详细地分析这一点。[11] 在分析的过程中，我探讨了另一个影响梅洛-庞蒂写作的范例情境。因为除了思考他行走穿过寓所的情境外，他还思考了头部受伤的士兵的命运，行走对他们来说是一个问题。我把这些士兵的问题与食物（时易时难的）被身体吸收和排泄身体废物的故事进行对比。这些故事并不说明一般意义上的饮食**是**什么，而是说明饮食在我田野调研中的特定社会物质环境中**可能是**什么。我的希望是，对饮食情景的探索，有助于我们重新想象**存在**，把它想象为半渗透性身体在拓扑意义上错综复杂的世界间的一种转化性参与。

神经肌肉与新陈代谢

梅洛-庞蒂试图通过将**思考**置于人的身体内，从而将**思想**带到

30

现实之中。他认为，思想并不是在某种抽象的概念范畴中发展的，即使仅仅是因为思想是一种实际的成就，与具身主体对他的（"我的"）周围环境的知觉和运动参与相关。为突出重点，我只关注他的一本书，即1945年出版的《知觉现象学》。与他早期现象学领域的贡献一致，梅洛-庞蒂在这里批评了自然科学以及新兴社会科学所宣扬的客观的认识方式。他认为，人类的经验并非与作为客观实在的"世界"相关，而是与"我的"世界相关，这个世界向我这个知觉主体呈现自身。在当时，知觉是神经科学研究的热点，梅洛-庞蒂对此进行了一番钻研。他引用的神经学家所关注的是：人们在把他们的知觉整合成、在把他们的自主肌肉协调成一个整体运作

日你就要给他们以回报。

对于奥罗凯瓦人来说，吃并不处于某个等级秩序的低位。吃在他们的世界中处于中心位置。"接触的历史往往强调枪支、工具和其他耐用品，以此作为原住民认识白人性格和特征的主要媒介。然而，从美拉尼西亚人的角度来看，鉴于原住民对生命、真理和知识的观念，食物才是跨文化交流最理想的媒介。"（154）这些原住民的观念优先考虑隐藏在事物表层之下的东西；他们更重视人们的饮食，而非人们皮肤的外观。在巴布亚新几内亚登陆的白人们食用米饭，因为大米干燥后不会腐烂变质，并且相对容易运输。他们的蛋白质则由鲭鱼罐头和粗盐腌牛肉[1]提供，奥罗凯瓦人将其统称为**罐头肉**。这些食物暴露了陌生人的身份。"当白人拿这些食物［大米、罐头

[1]腌牛肉是17—19世纪大西洋贸易的重要商品之一。——译者注

41

时可能遇到的困难。这种对神经肌肉系统的关注是由第一次世界大战激发的。在此期间，长期的阵地战造成了数量惊人的年轻人死亡，同时也造成许多人受伤。在临床实践中，神经科医师们面对的是那些头部留有子弹或弹片的老兵。由于当时的常识是受损的脑细胞无法复原，也不会被替换，大多数神经科医师在临床治疗方面都是悲观主义者。但是，有些人认为，即使在神经结构受到不可逆损伤的情况下，其功能也可以得到部分恢复。这些人断言，目标明确的训练可以刺激神经系统中的未受损部分取代受损细胞。这就是康复医学的起步。

在这里值得一提的是神经学家科特·戈德斯坦（Kurt Goldstein），他是德国退伍军人康复计划的先驱。起初，他的工作赢得了高度的尊重。20世纪30年代初，纳粹上台后，他逃离了德国，作为一个直言不讳的社会主义者和犹太人，德国对他来说变得很危险。他暂时居住在阿姆斯特丹，没有病人需要照料，他便把他的工作心得口述给了一位秘书。在梅洛-庞蒂的安排下，戈德斯坦的口述从德语被译成法语，成为他主编的现象学丛书中的一本。[12] 该书后来以《有机体：从人类的病理数据中得出的生物学整体论方法》为题出版了英文版（1995年）。[13] 戈德斯坦的书中充满了临床故事，证明了神经肌肉系统呈现融贯性的各种方式。对很小的区域造成的损伤可能会影响到整个身体，但丧失的那些功能也可能通过适应其他仍然完好无损的结构而重新恢复。戈德斯坦有一个病人叫施耐德，他无法行动，不能回答简单的问题，而且不能将其各种知觉有意义地联系在一起。梅洛-庞蒂从施耐德的命运中得知，一个人能将自己的身体知觉为一个整体的能力，与他整合周边世界的能力之间存在着联系："尽管施耐德的身体状况影响了行动、思维以及知觉……但它实际损害的，尤其是在思维范畴，是他理解同时存在的那些整体的能力；而在运动的问题上，则是……从鸟瞰的角度看自身的运动，并将其投射到自身之外的能力。"[14] 如果仅靠他自己，施耐德会撞到桌椅，伤到自己。大多数人能够避免撞到挡在面前的家具，我们应当感到欣慰，这已经是一个相当大的成就。正是由于一个整体化的身体系统，**我**才能够在空间中判断方向，并生活在一个有意义的世界中。

由于梅洛-庞蒂的论点与"思想"和肉体相分离的哲学传统有关，戈德斯坦就能够为他提供许多线索。那位脑部受到损伤的士兵面临的麻烦和痛苦，让人清晰地意识到"我思"有赖于完整的大脑。我评论的关切，并不始于我认为这一观点是错的，而是它留下了许多未被分析的东西，比如说饮食。

肉]给帮助他们的搬运工、警察和村民们吃时，他们就在奥罗凯瓦人面前暴露了自己，展现了自己的内心，展现了自己是谁。"（154）食用轻食的人，这就是他们的身份。更重要的是他们将食物藏起来。"当奥罗凯瓦人看到大米和罐头肉是白人从他们所来自的、遥远而隐蔽的地方带来的食物，看到白人还将这些食物藏在他们的巡逻箱和储藏室内，上了锁，奥罗凯瓦人才得以将这些食物与白人内心深处的本性联系起来。"（154）

我把这几句话从巴什科夫详尽的分析中提取出来，是为了强调，把吃看成是低级的，仅仅看成是诸如思考这些更重要的事情的前提条件，并不是**人本**的看法。这种特定的等级秩序也许盘桓于西方哲学传统之中，但在许多其他的地方，例如对于奥罗凯瓦人来说，这种秩序没有什么意义。同时，巴什科夫从他的田野中得出了人类的完整性不仅取决于一个完整的大脑，还取决于需要日常填饱的肚子。显然，梅洛-庞蒂非常清楚，人类只有吃东西才会保持活力，但他并未探讨这个话题。用生物医学术语来说：梅洛-庞蒂将一个**神经肌肉**（neuromuscular）版本的身体，贯彻到了《知觉现象学》一书中，将身体的**新陈代谢**视为理所当然。戈德斯坦在时局贫困的德国生活和工作，从未忘记人们的生命力有赖于他们的饮食。考虑到这一点，他提倡改善退伍军人的养老金（尽管徒劳无益）。他帮助制定的康复计划试图使受伤的退伍军人掌握能够从事有偿工作的技能。他希望这些人至少能够赚取养活自己的生活费，这样对需要照顾这些脑损伤的儿子、丈夫和父亲的家庭来说就容易一些。但是，如果说对新陈代谢的考量影响了戈德斯坦的康复实践，这些考量却没有渗透进他的神经学理论中，而只有神经学理论才是梅洛-庞蒂的灵感来源。

在穿越德文郡的徒步旅途中，威利在一块纪念 1918 年 2 月被鱼雷击沉的医疗船的牌匾附近吃了午饭。我在布列塔尼徒步沿途经过的村庄也无一例外地罗列着第一次世界大战期间遇难士兵的纪念碑。当我到达时，他们已经遇难了近一个世纪。我读出他们被刻在大理石牌匾上的姓名。这让我更加庆幸自己还活着，而且比这些人死亡时的年龄大得多。然而，我的饥饿和颤抖强烈地提醒我，身体总是脆弱的，即使没有战争。如果没有营养，我就会垮掉，也许能撑过一些时日，但仍然很快就会消亡。绝食者们如果只喝水，很少能活过一两个月。老年人如果绝食，往往不到一个星期就会离世。生存不能被视为理所当然。目前的估计称，全球每八个居民中就有一个营养不足（undernourished），而更多的人

33

则是营养不良（malnourished），这意味着他们摄入了足够的卡路里，但没有足够的营养。[15]这是一个悲伤的现实：在致力于**思考**的哲学传统中，无论是否言及具身，身体都很容易被遗忘。我只**是**在与周围环境进行交换的限度和范围中存在着。

内部／外部的界限

运动的能力取决于是否吃了足够的食物，而吃东西又有赖于运动的能力——就算不用腿，至少也要用咽喉中的肌肉。为了供养身体，食物必须被吸收，而典型的方式就是吞咽。[16]当吞咽很顺利的时候，进行吞咽的人可能几乎意识不到它所涉及的肌肉活动；只有当吞咽成问题时，相关肌肉活动才会凸显出来。这就是我去一家离我荷兰的家不远的康复诊所学习吞咽知识的原因。我在那里所目睹的照护工作是建立在戈

其他一些心得。首先是关于**种族**的。他认为，种族之间的差异不一定与身体外貌有关。种族可以通过其他方面体现，比如人们吃什么。这样一来，即便人不在场，对种族的直观感受也可能持续存在。在当今，大多数奥罗凯瓦人在日常生活中很少遇到白皮肤的人。然而，由于他们已经将**白人**与轻食联系在一起，现在食物本身——大米、罐头肉——成为了"白"的代言。他们中大多数人对于这类**轻食**的感受很矛盾。它们的"轻"是有吸引力的，因为它能将人们从土地和社会义务之重当中解放出来。在节庆场合中，在成堆的重食中，包装五颜六色的轻食也是对客人们颇具吸引力的装点品。同时，轻食也表明了**白人**最令人厌恶的特点：他们不懂得分享。如果他们中的一个人比其余人更富有，富有者不会把他的财产分给那些贫穷者。**白人**甚至不

34 德斯坦等人的工作之上的，它针对的是那些因脑部受损而导致吞咽受阻的人，大多不是因为子弹或弹片，而是由于交通事故或脑血管意外（也就是脑动脉破裂或堵塞）。康复治疗的出发点是希望通过细致的训练，试图重新获得失去的吞咽能力。

　　在咨询室中，林地康复诊所的言语治疗师（speech therapist）为我讲解了吞咽的基本知识。[17]她速画了一个咽喉的矢状面示意图，气管在前，食道在后。她用笔指着食道说："这就是我们吞咽食物时的通道。而那里，"她用笔指着气管补充道，"是它不该去的地方。"在进一步交流后，她带我上楼去见一个人，我称他为克莱默先生。[18]前一天，她询问克莱默先生是否可以带一名观察员，获得了他的点头同意。现在，当我们进入他的房间时，他的左手无力地放在一个垫子上，他的左腿也瘫痪了，藏在被子中。他用他的右手与我们每个人有力地握手。尽管他可以做到这点，但他不能控制他的咽喉肌肉，因此无法吞咽，也无法说话。克莱默夫人一直陪着他，她似乎很高兴能聊聊天。言语治疗师听夫人讲述了一会儿他们最近所遇困难的悲伤故事，然后转向克莱默先生。

　　她看着他，抓住他的视线，然后平静而清晰地说："好，克莱默先生。我们将在你的吞咽上再做一些工作。你准备好了吗？"他点了点头。然后她给出了指示，把通常不言自明的东西变成文字。"请闭上你的嘴唇，合上你的牙齿，把你的舌头推到你的上颚，心想'我即将要吞咽，我即将要吞咽'。"我坐在床尾的凳子上，可以看到克莱默先生在一遍遍地尝试。但他失败了。治疗师用一只手从外面轻轻地按摩他的咽喉，一次又一次重复，但无济于事。

她的下一个方法是提供一个他可以模仿的例子。"请看着我，克莱默先生。我来和你一起吞咽。"她做了一次又一次。克莱默夫人说，这些练习也让她跟着吞咽，"疯狂地吞咽"，她说。但她的丈夫看起来被练习打败了，他就是做不到。

过了一会儿，言语治疗师结束了一天的工作，克莱默夫人又开始说话。她的脸上露出了笑容，说昨晚他们的两个孩子都来探望了。自从脑损伤发生以来，他们一家第一次一起度过了美好的时光。她的女儿带来了苹果汁和自制的饼干。克莱默先生满怀期待地看着，用他健康的手臂指着饼干。"于是我们给了他一些，"克莱默夫人说，"就吃了一点点，尝尝口味。"治疗师吃了一惊。她努力保持冷静，只是很清楚地说出："好，克莱默夫人，你的丈夫错过了很多。确实如此。但是请不要再这样做了。只要他不

惜让别人挨饿，也要让他们自己有足够的食物和购买物件的金钱。钱！买白人的食物需要钱。"对奥罗凯瓦人来说，一个人仅仅为了吃而需要钱，是非常不道德的。"（181）

巴什科夫得出的第二个认识是关于文化的独特性。他指出，许多人类学家回避承认他异性，因为他们的假设是：对抗不公正有赖于坚持人类的普遍性和相容性。但根据巴什科夫所说，奥罗凯瓦人珍视他们自身的独特性。不管面对其他人（包括人类学家们）对他们的任何**想法**，他们都坚持自己的观点。奥罗凯瓦人很快能根据他们自己的观点来理解陌生的想法。他们认为**陌生**的东西更麻烦。也就是说，事实证明，有些东西很容易被纳入奥罗凯瓦人的日常实践中，例如斧头，它使人能够更轻松地在花园中工作。而其他一些东西则会引起混乱、造成麻烦，例如只为一个核心家庭而设计的房屋，这破

35

能吞咽，进入他嘴里的东西就可能进入他的肺里，他的肺无法承受这种情况。我接下来说的话可能听起来很刺耳，但是你得知道，我们见过因此而死的人。"

吞咽是一个需要技巧的动作，有赖于各种咽喉肌肉的复杂协调。受伤的大脑可能无法完成它：克莱默先生明白他被要求做什么，但他做不到。此外，吸收并不只是意味着食物从身体**外部**移动到身体**内部**。人们还必须考虑到进一步的空间分异。在咽喉里，食物必须被推进食道而不是气管中。在"正常吞咽"中，这是不用经过思考的，尽管笑或者说话可能会干扰到它。如果发生了这种情况，办法就是把错入气管的食物咳出来。对于无法控制咽喉肌肉的人来说，这里很容易出现问题。进错地方的面包屑也可能无法咳出来，因为他们咳嗽的能力也可能受到了阻碍。肺部以炎症应对外来的东西，因为它打破了细胞内膜的连续性，这让微生物有进入的机会，肺炎随之而来。对于那些一开始就状态不佳的病人来说，这是一种很难抵御的攻击。在那些有吞咽困难的人中，肺炎是一个常见的死亡原因。

这里，我们得出了关于存在的一条道理。只要梅洛-庞蒂的主体的神经肌肉身体作为一个得到整合的整体运作，他就能够在他的寓所中自如走动。它的整合性使它能够与周围的环境区分开来，避免撞到桌子和椅子。[19] 一个吃东西的**我**则有着不一样的构型。在康复诊所里，很明显，一个人通过吞咽将她外界环境的碎片纳入她的身体。这是一件细致的事情，因为食物通过嘴唇、嘴巴和咽喉构成的身体边界，最终不应进入肺部，而应该被导入消化道。因此，

36

当一具行走的身体作为一个整体协同一致时，一具进食的身体在其内部空间上具有区分性。不同的身体部位以不同的方式与食物产生联系。消化道可能欢迎饼干的进入，而肺部则不。那么，在吃东西的过程中，**我是**一个半渗透的、内部分化的存在，以错综复杂的方式与我周围的碎片纠缠在一起。[20]

就像其他的肌肉运动一样，如果大脑的关键部分遭到破坏，吸收食物所依赖的肌肉运动就会出现问题。训练可以使人重新获得吞咽的能力，但是克莱默先生还没有做到。因而，一根管子被插入他的一个鼻孔，穿过咽喉，进入食道，一直推到他的胃里。通过这个通道，他能够被喂食。像克莱默先生这样在很长一段时间内无法进行吞咽的人，可能会配备另一种管子，这种管子通过腹部皮肤上的一个切口进入体内，穿过胃壁。通过这根管子，装在

坏了他们早前共同生活的方式。然而，目前威胁奥罗凯瓦人生活方式的最大因素，是最近才有的一种外来**实践**。这种做法是种植经济作物，如咖啡、可可，尤其还有油棕。人们从事该活动，是因为它能为他们提供资金，让他们能够购买大米、罐头肉和其他"白人的食物"。正如刚才提到的，他们用这些食物装点节日宴饮。但与此同时，为经济作物留出的土地减少了村民专门用于种植不用以出售的本地食物的空间。这也缩短了土地的休耕时间。种植经济作物是邪恶的："它使人们依赖市场商品价格和生产关系，它使人们从自由人转变为世界经济中的脆弱农民，从一个属于自己的、生计与空间都能够得到保证的世界的中心，转变为世界经济中轻易可以被取代的边缘人。"（238）无论坚持"我们"共有的人性是多么善意，对奥罗凯瓦人来说，融入"人类"都并不是什么幸运的事。

袋子里的黏稠食物会被轻轻地挤进他们的消化道，同时要避免漏出（尤其是皮肤和胃壁之间的渗漏）。[21] 即使食物已经到达消化系统，它也不一定在身体内。

在一间叫作格雷之家的养老院中，奥梅尔夫人的生命之火正在慢慢熄灭。一个我称为斯特拉的护工小心翼翼地进入奥梅尔夫人的房间，并让我跟着她。在厨房的柜台上，有几袋香蕉味的强化酸奶。斯特拉拿起其中一袋，往一个塑料小杯中倒了一些。"这东西，"她对我说，"对胃来说负担很重。对于我们这样的健康人，它都很重。如果奥梅尔夫人摄入很多，她就会吐回来。"但斯特拉解释道，它包含"你需要的一切"——营养、矿物质和纤维。随后斯特拉在奥梅尔夫人的枕边坐下，轻轻地叫醒这位老太太，引导她吞下几口酸奶。"好喝吗？"她鼓励性地问道。奥梅尔夫人回以几乎觉察不到的点头。一小口接一小口，小杯子终于空了，斯特拉承诺说她晚点还会带着酸奶过来。这样的事情在她的一个寻常工作日中有好几次。

几个月后，在一次为疗养院管理从业人员举办的学习活动中，我就良好的照护一题作讲座，提到了这件事。这次讲座的原目的是回馈接纳我做调研的田野点，但最后也成为了我田野调研的一个关键部分。当我讲完后，一位专门从事老年护理的护士站起来说道，奥梅尔夫人受到的**照护很糟糕**。她说，护工也许是出于好意，但当一个人行将就木时，强化酸奶中的营养物质将无法越过她的肠道内膜。此外，对于一个几乎没有肠道运动功能的垂死者来说，旨在加速食物运输的纤维反而可能导致肠梗阻。一小杯糖浆即足以为奥梅尔夫人解渴，而其中的糖分更容易被吸收，可能会使她更振作一些。护士并没有责备斯特拉,而是认为养老院的高层应调整照护计划,并确保所有护理人员都得到相应的教学。[22]

我希望"高层"中有人听取了这条建议。这一次,这位护士的介入让我学到了另一件事:吸收发生的场所并不那么显而易见,即食物从身体外部进入身体内部之处。当食物穿过了吞咽的咽喉,或经穿透皮肤和胃壁的导管到达了胃部,食物在解剖学层面上已经进入了身体内。但它尚未进入生理学上所说的**内环境**(internal milieu)。为了到达那里,它必须被分解得足够小,以便穿过肠道内壁以及其外缘的血管壁。在类似于奥梅尔夫人所处的情形中,身体似乎有两种边界,其一是整体形体内外部之间的边界,其二是外环境和内环境之间的边界。[23]实际情况下,这些边界可能是按顺序来的,食物首先跨越第一条边界,然后是第二条。但这两条边界也可能处于张力之中。

一位同事跟我讲述一家生产强化酸奶的公司。只要荷兰的保险计划涵盖这些酸奶的费用,营养师们就很可能在开处方时囊括这些酸奶。然而,如果保险公司更改他们的政策,这家酸奶公司就会陷入困境,因为强化酸奶很贵,并且大多数"终端用户"并不是很**喜欢**它们。如果人们不得不自掏腰包,他们可能会去购买更美味的食物。于是,该公司召集了一系列专家,探索改善酸奶口味的可能。其中有厨师和食品技术专家,他们关注口味、口感和吞咽安全。对他们来说,身体的**内部**从咽喉算起,即在完成了张嘴、合嘴以及吞咽的艰难任务之后。还有营养师和营养学家,他们关注的是向不同的病人群体需要提供的营养。对他们来说,身体的**内部**始于食物跨越肠道内壁后，而胃和肠道中的食物仍然属于**外部**。在相当长的一段时间里，专家会议对各方来说都是困惑的，因为专家们对**内部**和**外部**的定义不同，谈话根本不在一个频道上。

这样看来，咽喉和肠壁两者之间，不一定是食物相继跨越的两条边界这样和谐的关系。在强化酸奶的设计中，它们是相互竞争的。应该更关注其中的何者？应该听取哪一组专家的意见？何者是更难跨越或更有价值的边界？[24]

在资源充足、设备齐全的医院里，技术层面上可以绕过咽喉和肠壁两者。一个特殊的营养袋可以连接到静脉滴注上，通过一个中介——跨越边界的针头，直接进入血液中。但即便是进入血液的食物，也不一定在体内，在功能意义上不一

殖民身体

在《西班牙征服者的身体》（*The Body of the Conquistador*）一书中，丽贝卡·厄尔（Rebecca Earle）将我们带回早期殖民时代。她书写那些在旅行中克服地区差异的人们，他们开始称自己为"西班牙人"。在征途结束后，他们作为殖民者定居在从早期住民手中抢夺来的土地上。他们首先将这些土地称为"印度群岛"（Indies），后来又称为"拉丁美洲"。西班牙定居者们体验到他们的身体既不封闭，也不稳定。相反，他们身体的边界是可渗透的，他们身体的物理特性很容易被转化。"纵观16和17世纪的殖民作家，他们都认为从欧洲到达印度群岛的人们，都容易因为气候造成的自然和天体

39

定是。还有更多的边界需要跨越。而这也不仅仅是针对静脉滴注中的营养物质。

　　玛丽亚是一名营养师，她允许我观察她的工作，她正试图向赫尔德先生解释他皮肤下面发生的事情。她拿出一张纸，开始画画。她先画了一个细胞，说："我们假设，这是你身体里的一个细胞。现在，如果你吃东西——"她在纸的另一半边画了一个肠道的横截面，"你摄入的糖进入你的血液，这发生在这里，在你的肠子里。"她笔下黄色的点在纸上飞舞，一路从肠道来到细胞。"现在这粒糖敲开了你细胞的门。"她在细胞的边上画了一个黄点，继续说："但这扇门是关着的。想象一下，细胞的门是锁上的，糖需要一把钥匙才能进入。这把钥匙就是胰岛素。你的医生告诉过你，你有糖尿病，对吗？这就意味着，现在你的身体里，胰岛素这把钥匙无法正常工作。这就是为什么糖留在你的血液中，而无法进入你的细胞。它没有钥匙。这就是为什么你会累，为什么你会易怒。因为你的细胞没有能量！你可能吃了很多，但这些食物无法进入细胞。现在，医生给你开的这种药，代替了钥匙的功能。它含有的一种分子允许糖分子穿过细胞表层，然后你的细胞就可以恢复正常的功能。"[25]

　　在糖尿病患者的情况中，身体**内部**与**外部**之间最难跨越的边界隐藏在皮肤之下。它以一种碎片化的形式，即诸多细胞表层的形式出现。营养师用"缺失的钥匙"这一比喻来暗示跨越这些壁垒所需要的东西。她说，如果细胞无法吸收养分，就会影响到一个人的**存在**状况。最核心的是，你会累，会易怒，会缺乏能量，会缺少营养。

影响[1]，以及食用新的食物，而发生各种转化。"（25）身体会如此轻易地产生变化，这符合体液医学学说的传统，它关注的不是解剖形态或者生理功能，而是四种体液——血液、黏液、黑胆汁和黄胆汁之间的平衡与否。"个人所拥有的特定的体液平衡比，决定了他们的'complexion'（肤色），这个术语同样指他们的性格和其他身体特点。黑胆汁占主导的人可能偏瘦、暗肤色和忧郁，血液占主导的人通常脸色红润、外向和乐观。换句话说，性格和外貌都是同一隐含的complexion 的表现。"（26）

在这种情况下，"种族"——一个当时尚未被使用起来的术语——既不是在出生时就被赋予的，也不与血统相关。相反，它取决于气候和食物。这对于定居

以下是对理论的启示。吃提供了一种与行走非常不同的**存在**模型。因为只要**我是**一具正在进食的身体，我的诸多边界就在被不断地跨越。就我而言，我将周遭的东西咬下或啜饮，然后将它们纳入我的身体。或者，别人可能会将它们塞进、推入或注射进我的体内。它们穿过咽喉、肠壁以及细胞表层，它们从外部移动到内部，在既定路线的某处，但并非无处不在。进食的身体所需的营养经过某些路线，而不是其他路线。作为一个食客，**我是**与外部纠缠的，和在内部分化的。这是一种怎样的**存在**？

变化与不变

当我在吃东西的时候，我的身体一点点吸收外部世界的

---

[1] 西方神秘学中宇宙和天体对人体造成的影响。——译者注

碎片。他们构成了我建构自己的基石。随着时间的推移，吃使我从一个孩子成长为一个成年人，但在某个时刻，我停止了生长。只有当我的孩子在我的子宫里成长起来时，我的肚子才以惊人的样子隆起；一旦他们出生，我的肚子又缩回去了。不过，我一直在吸收食物，并由于其所含的能量而保持活力。饮食使我有体力去散步，使我能够呼吸、阅读、写作、做清洁、做饭、保持温暖，以及进行其他消耗能量的行为。没错，能量是物质性的，但它不是人看得见、摸得着、抓得住的东西。[26] 相反，能量可以引发很多过程，它使动作得以产生。在我布列塔尼一餐后的早晨，我又能够徒步行走了，这归功于荞麦植株从太阳中获得并储存在种子中的能量，归功于鲜花转化为花蜜并令蜜蜂得以酿蜜的能量，归功于青草提供给山羊并令其产出制酪用奶的能量。

通过互联网，我试图了解我的身体需要多少能量，才能进行布列塔尼步道上的行走。有一个网站区分了在草地上行走与在路面上行走所需的卡路里数，另一个网站则询问我行走的时间、速度以及我的体重，而还有网站想要知道我的年龄或者性别。因此，计算我所需能量的方法比比皆是。计算不同食物所含热量的方式亦如此。根据法律规定，每个食品包装上都必须提供相关的数据，还有一些小册子及网页详细介绍了无包装食品的卡路里含量。这些数字大多是平均值或概化值。那些自豪地承诺可以记录食物摄入和消耗的应用程序，也可能只提供粗略的估计。

更重要的是，摄入和消耗之间的关系并不像生物物理学图表所显示的那样线性。一些体育教练认为，当身体的肌肉质量增加时，人即使在休息时也会燃烧更多的卡路里。一些营养学家提出，者们来说是个挑战，因为在远离家乡的地方，他们很难保有优势以及欧洲人的特性。他们无法逃避他们身处的气候。一旦在殖民地定居，不熟悉的空气、水和星星就会对他们产生影响。他们也许还能吃到"西班牙"食物：用小麦做的面包、红酒、橄榄油，以及牛肉、猪肉或羊肉。并非所有西班牙人都能吃到这样的食物：穷人们就吃不到，他们以粥为生；幸运的话，他们能吃到黑麦面包和根茎类蔬菜。"像洋葱或萝卜这样生长在地底下的植物特别适合农民，而不适合存在锁链[1]更高处的人们，这些人的食物应来自相应的、更高的地方，比如树的顶部。"（60）在其祖国，人的**存在**也与其饮食息息相关。低等人吃低等食物，高等人吃高等食物。在美洲，获得持续的、有益健康的西班牙高级食

尽管身体吸收了它们所摄入的所有糖分，但身体对其他食物的吸收是有选择性的。其他科学家指出，身体会根据所摄取的东西来调整其生物化学状态：当摄取较少时，身体会进入"节能模式"。这意味着通过节食减肥是很困难的，因为饥饿的身体会囤积它能够抓住的每一份卡路里。[27]

诸如此类。能量的消耗是一个富有争议的话题，我在此只是简单提及。这段简短的文字所要表明的是：当**我存在**时，我同时也在转变。或者说：我的形式也许没变，但我的实质却在变化。因此，人们可以说我在质变（transubstantiate）（尽管这个词很难随意使用，因为它在其他地方有不同的含义）。我的食物在这个过程中发生了

---

[1] 欧洲神学概念，指自上而下万物的分级。——译者注

变化，从我的盘中餐成为了**我**，从荞麦煎饼、山羊奶酪和蜂蜜转化为了用以行走的能量。

　　我的身体并未随着进食不断膨胀。这不仅归功于能量的消耗，它使我能够通过肠子排泄掉那些无法穿过肠壁、无法被吸收的废物，还帮助我通过我的肾脏排出我血液中的废物。因此，我的**存在**不仅归功于吸收，也归功于排泄。

　　一个美好的春日傍晚，我在 M 家中吃晚饭。他做了芦笋——白芦笋，它们生长于荷兰南部省份，只有几星期当季。它们通常与熟土豆、熟鸡蛋、融化的黄油和肉豆蔻一起食用。吃肉的人往往会加上火腿。M 提供的芦笋已经经过了仔细的剥皮，没有硬皮破坏它们可爱的质地。我们边吃，边聊。在离开 M 家之前，我去了趟厕所，这样我在回家的路上就不必担心尿意来袭了。然而，仅仅在用餐后不到三个小时，我就闻到了消化吸收芦笋酸的特有气味。它从我的尿液中散出。我的身体没有吸收它们，但已经对它们进行了生物化学转变，它们在尿液中被我排出。"嘿，M，"当我回到他的客厅时，我说，"你的饭菜成为了有趣的田野调研！"

42

　　并非所有被我吸收的食物都能够喂养我的身体。即使是吸收到血液中的东西，我也会立即将其排出。芦笋酸就是一个典型的例子。由于它对我没什么用处，我就将它排出体外。它的气味将它轻易暴露，而我尿液中的其他分子则不那么容易被发现。我把它们冲走，不加思索，继续吃下一顿饭。而对于那些排泄成问题的人来说，事情就不那么容易了。

物，即小麦面包、红酒、橄榄油和肉类，就变得尤为重要。因为吃这些食物可以防止欧洲人转变为食用当地食物的人，即他们称之为"印第安人"的原住民。同时，"印第安人"也有希望转变，只要他们食用欧洲的食物。"对于早期现代的西班牙人来说，食物不只是维系生命的来源，也不只是对伊比利亚文化的一种安慰性提醒。食物塑造了他们，在性格以及身体性上使他成为他们自己。也正是食物，比起其他任何东西，更使欧洲人的身体与美洲印第安人的身体区别开来。离开了合适的食物，欧洲人要么会像哥伦布所担心的那样死去，要么会造成同样使人惊慌的结果：他们可能会变成美洲印第安人。有了合适的食物，在印度群岛定居的欧洲人就会蓬勃发展，美洲印第安人也或许会获得欧洲人的体质。"（2—3）

因此，尽管今天的食物史叙述了源自美洲的作物给我们其

在一家为肾病患者开设的诊所里，我和营养师们坐在一起。他们帮助病人摄入足够的食物，以维持自己的生命，但又不至于让他们的肾脏无法承受。在咨询室的谈话中，营养师们将食物分解为不同的成分，每一种都需要不同的处理。据我了解，钠是直接明了的，它会加重肾脏负担，应该在食谱中完全禁止。这很难做到，但也是一条简单的规则。磷同样也要最少化。"霍德拉先生，也许你可以在晚上吃吐司时用硬奶酪，而不是你现在用的奶油奶酪。硬奶酪含有较少的磷。"蛋白质则更复杂。患病的肾脏难以排出蛋白质被分解后形成的尿素，而尿素对人体是有毒的。这意味着肾病患者应尽量减少蛋白质的摄入。但同时，他们也需要足够的蛋白质，因为蛋白质是身体结构再生的重要基础。如果身体没有摄入足够的蛋白质，它们就会从肌肉

中获取蛋白质，而这会令肌肉在分解过程中迅速萎缩。

这个平衡是很难实现的。营养师告诉我，有一个病人因病频繁缺席而失业。最近他离婚了，也没有吃好，因为他不会做饭。他糟糕的身体状态又削弱了他的食欲。但是，如果他的身体维持在目前这样糟糕的整体状态，他就不符合肾脏移植的条件。为了强健身体，他必须吃得更好些，但他买不起瘦肉，比如鸡肉。"这很可悲，"营养师说，"我想在处方里给他开鸡肉，但这是不可能的。所以我最后给他开了强化酸奶。他的医保可以报销。"[28]

为了保持强健，身体需要更新它们的构成要素。如果没有适当地去维持，它们就会变弱。然而，如果它们吃的东西超过了它们所能承受的范围，那同样有害。增强体质是一项复杂的任务：它有赖于采购和准备食物，以及充足的饮食，但又不至于让身体无法处理过剩的食物。因此，在饮食方面，稳定和变化相辅相成，不同的身体边界被精妙而固执地协商、划定出来。

我的代谢废物什么时候就不再是我的一部分了？当肾脏把尿液从我的血液内环境排入我的膀胱外环境时，我的尿液是否就离开了我？还是说它只有在被我排出膀胱、通过尿道末端的括约肌时才算离开我的身体？还有关于我摄入的、但从未吸收的那些纤维的问题：纤维和依赖它们生长的微生物一起，被我从肛门排出，它们成为过**我**的一部分吗，还是说它们自始至终都是？如果在从 M 家回我自己家的路上，我尿湿了自己，那么我尿液的气味，即使已经排泄出来，也会被认为是**我的**气味。当我把一些粪便采集进容器，将其交给实验室的技术人员进行化验时，她会小心翼翼地在上面黏上一个写有**我**名字的标签，以标明他人带来的奇迹，如巧克力、西红柿、辣椒、土豆和玉米，但早期定居者所关心的，是试图在"新世界"种植来自地中海的食物。在许多地方，他们取得了成功。所以他们认为，这使他们免于遭受美洲印第安人祖先们所遭受的命运。因为美洲印第安人也是亚当和夏娃的后代。他们与欧洲人不同，意味着当地的气候和食物一定改变了他们的血统，削弱了他们的肤色和特性。"血统"的概念表明了一种遗传性。"同时……独特的、遗传的肤色及特性可以发生转变。食用特定的食物，或其他生活方式上的改变，可能会诱发'第二天性'，因为新的习俗可以彻底地改变身体。"（203）一些欧洲人甘冒风险接受这种改变。他们吃了当地人吃的"肮脏的东西"。"一些定居者，尤其是在帝国的边缘地区，实际上还食用蜥蜴、蛇甚至昆虫，状况令人担忧。1543 年被墨西哥宗教裁判所调查的一名西班牙

里面的东西是**我的**粪便。实验室化验的结果将被添加进档案中，并交给**我**。那么，我在冲马桶时冲走的那些排泄物呢？它们在某种程度上是否也仍然是**我**？[29]

以下是对理论的启示。饮食展现了一种**存在**模型，在这种模型里，存在所**是**的身体会外溢到她的周边环境。在我之外的一些元素被我纳入自身，我用这些东西维持自身，或者说我从它们汲取能量。[30]而我不再需要的东西，我会通过自己的各个"门户"之一排出。总而言之，我通过转化我所吃的东西来保持我的形态。我的食物使我发生了质变，同时又使我保持原样。在这种不稳定的**存在**中，外部和内部之间的边界被反复地穿越，而连续性取决于永不止息的变化。

我从哪里来，我到哪里去

梅洛-庞蒂所提出的"**我**"能够在步行穿过寓所时避免撞到椅子和桌子。蒂姆·英戈尔德（Tim Ingold，《行走的方式》一书编辑之一）带着这个主体去户外散步。为了举例说明他的路径，我在此引用一篇名为《穿过天气世界的脚印》的文章。[31] 英戈尔德并不热衷于建造的环境，因为"生活是在土地表面或土地之上，而不在其中。植物生长在花盆里，人生活在寓所中，食物和水都来自远方"（126）。在户外，情况就不同了。"植物生长在土地**里**，而不是地面**上**，因为它们的根深入土壤，而它们的茎和叶则与露天交织，随着气流沙沙作响。"（125）正是在这种户外环境中，英戈尔德将"**我**"这个主体置于其中。在现象学的脉络中，英戈尔德随后从爬山者"**我**"的角度来描述山丘。"地面是在运动中以**动觉**形式被知觉的。如果我们说山丘的地面在'上升'，这不是因为地面本身在运动，而是因为我们在自己身体的运动中感受到了地面的轮廓。"（125）英戈尔德认为，一个步行者所步行穿过的世界，并不外在于他有意识的身体，而是帮助这一身体形成。爬过的山丘、因踏过而形成的草径被写入了步行者的身体。这是一种吸收，但却是属于神经肌肉性吸收的一种。它与梅洛-庞蒂的论点相一致，即人类**存在**的关键要素是行走、知觉和认识。英戈尔德在此基础上所增加的是山丘、风和雨，作为一个步行者，可能需要与它们斗争。"对于出门在外的步行者来说……天气不是通过落地窗进行欣赏的景象，而是一种包罗万象的灌注物，浸透了他整个生命。"（131）

在社会科学中，天气一直未被充分探索："鉴于天气在日常生活与经验中的核心位置，在人类学关于人类存在和认识方式的探

45

人，'与印第安人一起吃饭，像他们一样坐在地上……吃野苋菜[新鲜草本植物]和其他印第安人的食物，还吃印第安人称之为chochilocuyli的蠕虫'，他是那些因不尊重基本的烹饪边界而模糊了殖民者和被殖民者之间边界的其中一员。"（126）

当时"种族"的概念还没有被发明出来，人们的肤色及特性可以改变，无论是在那些漫长的历史时期后，还是在短时间之内。但这些事实并不意味着西班牙人平等地看待所有人。美洲印第安人被认为是需要监督的，并且在许多事情上有错误的认识——尤其是在吃什么东西是好的这方面。一些美洲印第安人甚至吃人肉，西班牙人认为这很不寻常，主要不是因为它是有罪的，而是因为它表明了美洲印第安人差劲的口味。"因此，蜘蛛、人肉等食物被醒目地标记为'印第安人'。这些都是只有美洲印第安人才吃的东西，从而体现出

索中，天气的缺席几乎可以说是异乎寻常的。"（132）英戈尔德认为，这是由于既有的概念框架没有为天气留有空间。认同这一点很简单，然而，为什么英戈尔德认为"被天气包裹"在某种程度上比起在寓所中寻求庇护更真实、更能表明人类的**存在**？这呼应了他对漫步的崇敬和对乘坐火车或汽车的蔑视。"交通运输带乘客**穿过**一个预设的平面。这种运动是一种横向移位（displacement），而不是一种线性进程，它连接着一个起点和一个终点。"（126）[32]在英戈尔德看来，交通运输具有一种虚妄性，因为被搭载的乘客仍然是被动的，并因此是不变的。没有山丘和草径被写入他们的身体。这与徒步旅行者的行走形成鲜明对比，对他们来说，"知识的增长……是他自身作为一个具身的存在发展和成长的一部分"（136）。最后，英戈尔德感兴趣的是知

识："知识是不可归类的，而是有故事性的；不是总体性和全局性的，而是开放和探索式的。"（135）这诚然是一种有趣的知识。但是，它所依赖的饮食呢？——有助于将**其**凸显出来的"概念框架"在哪？

英戈尔德向我们展示的步行者穿过了一个世界，这个世界在他的周围延伸开去，并铭刻进他的灵魂。[33]当他登山时，他感觉到山在上升，风在向后推，雨在他的脸上。这种**存在**涉及与周围环境的身体性的协商，这也是它吸引人的部分。我碰巧对这种吸引力很敏感。然而，我也得承认，我之所以能在布列塔尼行走，是因为它有一套令人印象深刻的、组织有序的铁路客运系统。对于城市的居民们来说，"徒步旅行"往往需要机动的准备。由于我们确实需要"来自远方的食物和水"，我们的食物也经过了长途旅行。前面提到的餐厅的饭菜很可能包含当地的食材。布列塔尼广泛种植荞麦，也有山羊牧场，我在内陆的小路上还看到了很多蜂箱。但是，源自本土的食物也并不瞩目。城市环境中的很多食物都来自遥远和分散的地方。

在我谋生的城市里，所售的食物通过复杂的贸易路线从地球的各个角落运来这里。有从新西兰航运来的苹果——而那些在荷兰培育的苹果则被预先存放在低温仓库里，用卡车运到各个商店中。还有从肯尼亚进口的豆子、土耳其的杏干、哥斯达黎加的菠萝。大多数奶酪是荷兰的，但也有法国的布里奶酪、意大利的帕玛森奶酪和希腊的飞达奶酪。有独立包装的条状食品，其宣传为"天然的"，含有来自美国的"坚果、水果和谷物"，尽管标签上没他们未开化和需要监督的状态。"（126）那些撰写如今已成为历史学档案材料文本的西班牙人，在他们的眼中，作为他者的美洲印第安人是"未开化的"。后者的饮食习惯被认为是这一点的一个有力的标志。他们被声称缺乏文明，这使得西班牙人对他们的压制、对他们土地的殖民变得可以被接受。因此，在拉丁美洲殖民背景下，"**人如其食**"（you are what you eat）这个观念从来都不是为避免种族主义而产生的一个优雅说辞。种族主义注重的是先天身体特征（如肤色及其他身体标志，后来的种族主义者们痴迷于这些身体标志）。相反，这个观念表明吃小麦的监督者们与吃昆虫的需受监督者们之间有着一种固有的区别。这应当作为一个警告：把吃和人的**存在**联系在一起本质上是不好的。特定措辞方式造成的不同影响，一次又一次地取决于各种更进一步的具体性。

有提到食材的来源。带有公平贸易标识的巧克力碎的包装上显示，所用可可来自"非洲、拉丁美洲和亚洲"。很有意思。

当下，我所关注的不是全球食品贸易中的善恶是非。[34] 相反，我从中寻求的是关于**存在**的情境性（situatedness）的心得。我们可以得出这样的结论：当我吃东西时，我不只是在我所处的地方。我不只是在这里。我也许停在原地，但我摄入的食物已经旅经我的身体。即使缩在我的寓所中，只要我喝杯茶，我就把从中国或斯里兰卡进口的东西塞进我的身体。由于我品尝了巧克力，"非洲、拉丁美洲和亚洲"的碎片在我体内并置。[35]

英戈尔德的户外步行者在风中挣扎，他就是他所在的地方。相比之下，我的城市食客在她的身体里聚集了来自远方的食物样本。她的吃将她置于

47

一个复杂的拓扑空间之中。尽管有复杂的追踪系统，我们也很难绘出这个空间的地图。但是，当各种产地的东西在我的进食身体中聚集（混合、被捣碎）时，**我的存在**不是我周围延伸出的更广阔空间中的一个点，而更接近于一个漩涡。

　　哲学人类学所想象的"人"与周围环境的关系，并不适用于我在进食时的复杂拓扑学现实，当然也不适用于我排泄时的现实。因为我的代谢残余物也并没有在我周围形成一个圆环。它们的空间性是一种更复杂的空间性。

　　在一个晴朗的夏日周六早晨，我骑车前往负责处理我所在地区污水的污水处理厂。该厂正在举行开放日活动。这个地方并不拥挤，我得到了一个私人参观的机会。导游告诉我，到达该厂的污水首先要穿过一个过滤器，该过滤器可以阻挡所有长度或宽度超过一厘米的物质。一旦被挡住，这些物质就会被装入一个容器，用卡车运到一个焚化炉焚化。而后，污水穿过一个沉淀池，让较小的固体颗粒沉淀。这些沉淀物被卖给那些用它来修路的公司。好了，我身体的废弃物最终变成了路基的一部分。

　　浑浊的水流继续往一个封闭的水箱，水箱中有厌氧菌，用以处理硫。这大大减轻了污水清洁厂曾臭名昭著的气味，至少在荷兰，这种气味已经不存在了。我了解到，在含硫量降低后，废水会被推进更大的开放式水箱，里面生活着大约 80 种细菌。这些细菌共同对水中的有机物进行代谢。正如导游所说，**它们做了我们本该做的工作**。它们以我和我的邻居们提供的一切残余物和排泄物为食。好了，在这里，轮到"我"被吃掉了。一旦它们大量繁殖和生长，这些细菌就会被转移到消化池中，由真菌发酵。在这个过程中释放出的气体可被用作燃料，为处理厂提供动力。通过这种方式，我之前的碎片变成了燃料，不是为另一种有机体供能，而是为内燃机。

至于发酵过程中的残留物，现在有机物含量很低了，它们会被卡车运到另一个工厂，在那里被焚烧。"我"不断被焚烧。剩下的灰烬再次被用于道路建设。经过各种过滤器以及 80 种细菌后，还没有从废水中清除的所有污染物就流向河流，流入大海。这样一来，我，或者被丢弃的我的碎片，可能在全世界汪洋大海中的任何地方。

关于污水处理厂，我还有很多可说的。[36] 这一家特定的污水处理厂，是为了减少水路中过量的有机物而建造的，虽然它在这方面做得很好，但它没有能力将我尿液和粪便中所含的稀缺矿物质变成肥料。它也无法回收微污染物，如药品、毒品及它们的转化产物。[37] 这里有很多实际问题需要解决。然而现在，我有一个理论上的问题：我的残余物的分散状况对我们的**存在**有什么启示？

以下是对理论的启示。基于饮食形成的存在模型中，**存在**不仅仅是在地的。我的身体构成分散到各地，分散到附近和遥远的地方。那些曾经是我的一部分的碎片——它们还是**我**吗？——为机器提供燃料，形成路基，或者进入海洋。我绝不是无处不在，但我也不仅是在此处。新陈代谢的身体呈现了一种既不完全在此地、也不完全在彼处的**存在**模型。它在这里和那里，分散在许多地方。

穿越我身体的世界

在写《知觉现象学》一书时，梅洛-庞蒂试图修正既有的哲学假设。他没有把**思想**作为一种抽象的东西进行理论化，而是把重点放在**思考**上，这是活生生的人们进行的一项重要的、有生命力的活动。梅洛-庞蒂从那些神经学家那里得到启发，这些神经学家曾为那些从战壕中抬出头来的伤兵们服务过，因此，梅洛-庞蒂坚持身体完整性的重要性。作为一个完整统一的身体性的存在，人类主体可以通过穿越其生活空间来理解它。在这项工作的基础上，英戈尔德将主体从寓所的约束中转移到更具挑战性的丘陵地带，在那里，他在行走中对抗风雨。不过，尽管这使主体周遭的世界变得更加生动，英戈尔德还是坚持神经肌肉版本的身体，其中认识能在漫步中发生。

若要在此基础上突破它，我建议我们从**吃**的实践中获得灵感。我讲述的关于吃的故事并不关于"人类"，而是有关特定的人，以及在特定的情形中。在写这些故事的时候，我使用了对我所写的环境具有在地意义的术语。我没有借鉴特定科学家的工作，例如神经学中与戈德斯坦地位相当的胃肠病学家。相反，我听取了各种专家的意见，他们在日常工作的同时与我交流：言语治疗师、护工、护士。在进行自我民族志写作时，我使用了充斥在日常生活中的口语，以及我吸收的文献。因此，我所呈现的并不是人类之吃的普遍性，但它同样是吃。在特定情境中吃，与特定的地点和情况联系起来，这如何有助于重新点燃**存在**的含义？

梅洛-庞蒂的主体作为一个整合良好的整体在他的寓所中步行。由于他能够避免撞到桌子和椅子，他与周围环境保持着实质

49

上的区分。他的理解力、移动模式和认知都受到了周围环境的影响，但他的肉体却没有。相比之下，我进食中的身体远没有保持独立，而是吸收了外部世界的碎片。虽然它与外部充分纠缠，但我身体内部是有所划分的。这里是胃肠道，那里是肺，它们接收不同种类的物质。与这个内部分化的身体有关的边界是半渗透性的，通过熟练的身体技能或具有针对性的工具，这些边界可以被越过。咽喉、肠壁、细胞表层、皮肤、胃壁、血管、肛门、肾脏、尿道……通过这样或那样的途径，世界的碎片从我身体的外部转移到内部，或者在或短或长的一段时间后，从我身体的内部转移到外部。

但是，如果有跨越身体边界的交通运输，这就会带来转化：当我吃东西时，我的食物不再是食物，而是成为了我的一部分。我可以用我的这些新的食材成分来加强或重建细胞、组织和器官，或者消耗它们。越过一条或另一条边界，我把不需要的东西排出去。那么，我这里所讲述的进食的身体，就提供了一种**存在**的模型，其中内部有赖于外部，而连续性则有赖于变化。在这种**存在**模型中，遥远的东西可能被我吸收，而我体内的东西则被广泛地分散。一言以蔽之：作为一个步行者，我穿越了世界（I move through the world），而当我吃东西时，是世界穿越了我（the world that moves through me）。

第三章　认识

在《知觉现象学》一书中，梅洛-庞蒂坚称："所有知识在知觉所打开的视域中，均有一席之地。"[1]这与他的追求是一致的，即把**思想**从哲学所带到的超验高度上拉下来，并把它牢牢地绑在**思考**的身体上。知觉毕竟是一种身体性的事务。必须承认的一点是："我们应该重新唤起我们对世界的体验，因为我们通过我们的身体存在于这个世界，并且用我们的身体知觉世界。但是，当我们以这种方式重新与身体和世界建立联系时，我们将重新发现我们自己。因为，如果我们用身体进行知觉，那么身体就是一个自然的我和知觉的主体。"[2]在这里，"主体"，即进行认识活动的具象，不是从人的身体抽象而来，而是基于人的身体。这个"自然的我"所觉知的世界是一个有意义的整体，而不是由不同感官分别获取的碎片组合而成的。梅洛-庞蒂认为，对于一个具身的主体来说，地毯不是我**看到**的蓝色（感官数据 1）和我**摸到**的羊毛质地（感官数据 2），它们只能通过思维的工作被加到一起。相反，当我在我的寓所里走动时，我知觉到一个熟悉的、整合的格式塔，一

块色彩宜人、赤脚踩着很舒服的地毯。我的身体感官允许我这个
完整的主体以整体的方式知觉到外部世界的现象。然而，梅洛-庞
蒂只提到了某些感官的贡献，即视觉、听觉和触觉。味觉和嗅觉
则明显缺席了。

这并非偶然的缺席。它与这样一个事实有关：对梅洛-庞蒂来
说，吃饭和呼吸仅仅是生活的必需品，是"我们人类"为了生存**必
须**得做的事情。更多"真正意义上的"人类成就，是建立在生存的
基础之上的。为了阐明他所认定的这种区别，梅洛-庞蒂将德语单
词 leben 和 erleben 引入他的法语当中。在该书的英译本中，这两个
词被这样解释："生活（leben）主要指一种最初的活动，作为一个
起始点，它使生活（erleben）在这个或那个世界成为可能。"这里
的英译者将 erleben 译为"生活"（to live），而另一种译法，即"体
验、经历"（to experience），可以更清楚地与 leben 区分开。因为，
正如梅洛-庞蒂接下去说的："在知觉和唤醒关系性的生活之前，我
们必须进食和呼吸；在进入人际交往生活之前，首先应该通过视
觉关注颜色和光线，通过听觉关注声音，通过性欲关注他人的身
体。"[3]正是这样，进食和呼吸仅仅被认为是前提条件；真正的人
类生活涉及"知觉和关系性生活"，它以颜色、光线和声音的形式
来到我们身边。我们可以触摸"他人的身体"。但是味觉和嗅觉不
属于《知觉现象学》的范畴。尽管"思考是一种肉身的事务"是这
本书的核心论点，但只有某一些肉身的事务被认为与思考有关。看
和听，是这样的。触摸，好吧，也是。这些感官可以让人产生体验
（erleben）。相比之下，味觉和嗅觉，仅仅关乎生活（leben）问题。
其他哲学家在心灵和身体之间所作的划分如今弱化了一点，但也只
是一点。这一划分现在直接贯穿人类身体"更高级"和"更低级"

的官能。

这是"人类"内部等级制度的另一个例子，在这本书中，我试图通过探索吃来扰动它（呼吸则值得单独出一本书）。[4] 这涉及的区分在西方哲学传统中根深蒂固：味觉和嗅觉是卑微的感官，这并不是梅洛-庞蒂提出的。在《理解味觉》一书中，卡罗琳·科斯梅尔指出，柏拉图和亚里士多德将"身体官能，如味觉，排在更高的、更具理性和认知性的那些官能之下"[5]。他们的理由是："视觉和听觉运作时，其对象和感受器官之间有一段距离，因此，它们的作用是将注意力从知觉主体的身体引向身体之外的被知觉物……相比之下，味觉、触觉和嗅觉则是'在'身体内被体验，可以在指尖、口腔、嗅觉通道中被体验。"[6] 柏拉图和亚里士多德对收集有关他们周围世界的知识很感兴趣，因此尊重视觉和听觉，他们认

关于味觉的术语

食物的感官性特征并非在任何地方都能得到类似的赞赏。在一些文化背景中被视为美味佳肴的东西，在其他地方则被认为是令人恶心的。同一种**味道**很难满足所有人的**口味**。事实上，英语中 taste 一词很耐人寻味。作为一个名词，它可以指涉食物的一个属性——苹果的**味道**很好（good taste），也可以指涉特定食客的审美偏好——苹果符合我的**口味**（to my taste）。作为一个动词，它可以表示一个主体已经达成的事情——我**品尝**（taste）了苹果，也可以表示一个客体正呈现的特点——苹果**尝**起来不错（tastes good）。因此，这个术语的耐人寻味之处是它扰动了既定的二元对立。但这并不意味

52

为视觉和听觉使这种知识成为可能。触觉处于中间，但味觉和嗅觉绝不是认识世界的合适工具。这是因为，尽管这些感官与外部事物打交道，但它们发生在身体内部，因此主要是使主体更敏锐地意识到他们自己的身体，而不是他们周围的世界。科斯梅尔寻求对味觉进行积极的重新评估，这是瞩目的激进行为。她认为，这种重估意味着整个西方哲学传统的松动。或者，用她的话来说："我们不能简单地在哲学中加入味觉和其他身体官能，因为它已经经过发展了，并且为了在处理感官世界的问题时更加全面，对理论进行了相应的纠正……哲学是（或至少曾经是）建立在关注永恒而非暂时、关注普遍而非特殊、关注理论而非实践的基础上。这几对形容词的前项，都无法通过味觉这种官能来推进。"[7]

我在第一次读到这些话时激动不已。像科斯梅尔一样，我和那些试图撼动西方哲学传统的学者们站在一起，希望推动那些短暂的、特殊的和实践的东西占领高地，而不是那些永恒的、普遍的和理论的东西。我也像科斯梅尔一样，认为关注与吃高度相关的味觉，可能有助于实现这一目标。但后来我开始对她的策略感到疑惑。问题在这里：科斯梅尔反对感官的等级制度，但却接受了区分远端（distal）感官和近端（proximal）感官的哲学传统。她甚至断言，这种区分具有直接的经验意义。她将看和听认定成显而易见的远端事务，而把味觉、嗅觉和触觉写成不言而喻地把主体折叠进其自身："尽管从远端感官的体验中，人们甚至可以共享柏拉图的幻想——渴望将感官抛在身后，上升到纯粹的智性理解，但近端感官使知觉者处于一种对他或她自己的肉体有意识的状态。[8]但这里的"人"指的是谁？科斯梅尔所追求的是勾勒"人类"这项工程，而不将"他或她"置于一个特定的环境之中。此外，尽管她反对传统的感官等级制度，但她坚持了这种等级制度框架中的那些条件。她不加犹豫地接受了视觉和听觉与智性有关，而触觉、嗅觉和味觉则属于感官身体。相比她所激战的哲学传统，科斯梅尔对"感官身体"的欣赏要多很多，但她并没有对赋予它的性质提出异议。[9]

但是，观看是否一定是主体借以了解周围世界的一种感知性参与？也许并不总是如此，也许并非处处如此。甚至在所谓的西方传统中，也并不总是如此。[10]还是以威利为例。他沿着德文郡的海岸行走，以更多地了解"景观、主体性和身体性"。在那儿，他发现自己"在风、海浪和地形轮廓的神圣形貌前目不转睛"[11]。给威利留下深刻印象的景色主要不是为他提供了知识，无论是德文郡、他行走的路径还是大海。相反，它们打动了他。他"为延伸与广阔晕眩不已"[12]。威利的回应

着这个词表明了人的身体与食物之间更深层的真理。相反，它只是一个特殊的英语词汇。"tasting"一词将人、物和活动以一种不存在于其他语言的方式结合在一起。而同一个词在同种语言内部也有差异。以荷兰语中的 lekker 一词为例——这是一个无法直译的词，意思类似于英语中的 delicious（美味）。有些人用 lekker 来表示味觉上的愉悦，有些人在饱腹满足时说 lekker，有些人将 lekker 的使用限制在赞美食物时，有些人则将其使用范围延伸到包括性、天气、精妙的工作流程等。如果世界各地的人们对味觉有关术语的使用有所不同，那么这种用词背后的知觉和感觉也不尽相同。

研究感官的人类学家们讲述了人们在感官上与食物接触方式的不同。根据我本书中的写作策略，我不会在这里进行概述，而是提供一个例子来

并非作为一个认识主体，而是作为一个欣赏主体所发出的。按照浪漫主义的传统，他所看到的宏伟景色使他感到自身的渺小，感到自己只是这个世界中的一个脆弱的小点，而这个世界对他毫不关心。因此，在这种情况下，观看并不导向对一个现象的综合理解，而是导向敬畏。将威利的观看作为知觉忽略了它所提供的感觉。"目不转睛"为浪漫主义的步行者们所带来的并不主要是有关外部世界的知识，而更可能是为眼睛带来泪水。[13]

如果观看可以打动主体，那么反过来，品尝也不一定会将身体向自身折叠。以格里·雅各布森在《口味：丹麦的食物、身体和地方》一文中所描述的味觉实验室为例[14]，在那里，人的品尝被组织起来，旨在收集有关食品的知识。小组成员通过"参考盘"（reference tray）中所提供的测试样品进行培训。他们被要求说明这些样品的"感觉特征"，而不考虑自身好恶。通过谈论他们的感知，小组成员调出了他们的味觉调色板：当一个新产品要进行测试时，他们将开始共同校准他们用以描述它的词语。在他们彼此独立的品尝室里，有标准化的光线和设定好的温度，他们在评分表上对连续的"食物样品"的"感觉特征"进行评分。每个步骤都是精心编排好的。"对成员和样品之间关系的精准控制，伴随着样品从塑料容器开始，直到进入小组成员的嘴里为止：牙齿应该从哪里咬蛋白？咀嚼时应该使用哪几颗牙齿？勺子应该在蜂蜜中浸到多深？奶酪的液体溶液应该倒在舌头的什么位置？面包应该咀嚼多少次？"[15] 小组成员被要求测试一份又一份样品，但对每份样品都要做到像一张白纸一样重新开始。"领导们鼓励大家把咀嚼过的样品吐掉，然后通过咀嚼黄瓜和脆面包、再以水漱口来清洁口腔。"[16] 雅各布森说，所有这些努力，将该小组变成了一台能够知觉食品感觉特征的**身体**

间机器。

看可能使灵魂激荡，而尝
则可能是在知觉层面进行的。[17]
因此，对感官既有的理解所存
在的问题，不仅仅在于它们的
等级排序，还在于它们被认为
应当实现的功能。问题还在于
向外的知觉性认识和向内的感
觉性感受之间的对立。为了扰
动这一点，我将在下文中分析
知觉和感觉以不同方式出现的
一些情况。第一，用雅各布森
对实验室品尝的描述作为对比
的锚点，将有助于勾勒出它是
如何改变**认识**的。她写道，实
验室的设置为小组成员们提供
了准确知觉食物样品感觉特征
的机会。与此相对，我将介绍
进食者摄取食物而不注意其感
觉特征的情况，或者说，不注
意他们自己的身体感觉的情况。
这揭示了认识——无论是知觉
还是感觉——都需要主动的参
与。第二，在实验室中，小组
成员们将个人喜恶放在一边。

阐释这一点：乔恩·霍尔茨曼
（Jon Holtzman）的书《不确定
的味道：记忆、矛盾心理和肯
尼亚北部桑布鲁的饮食政治》
（ *Uncertain Tastes：Memory,
Ambivalence and the Politics of
Eating in Samburu, Northern
Kenya* ）。霍尔茨曼与几个桑布
鲁人群体一同生活。他说，在
他们的社会结构中，食物是非
常重要的。它建立了联系。例
如，"桑布鲁人敲定婚姻关系
已真正形成时的展演行为——
婚礼的正式化时刻是宰杀婚牛
（他们把它叫作 rikoret），为参加
婚礼的人们提供食物"（72）。但
食物所建立的联系不仅限于友
好的。它们也可以对那些因为
吃而与自己产生关系的人造成
损害："你可以轻易地诅咒一个
为你做了多年牧民的人，因为
他们在一定程度上从你的食物
中获益。"（73）但如果通过吃
建立的联系形成了诅咒的通道，
这意味着牧民可以进行报复：

55

与此相对，我列举了认识和评估食物两者无法分开的情况。这种评估性的认识可能是以判断的形式出现，或成为对相关食物进行改善的一种努力。第三个不同是：在实验室里，小组成员们最后吐掉了他们测试的样品。而在我描述的进食情形中，食物是被吞下的。这影响了正在进食的主体们的知觉能力和感觉。由此产生的**认识模型**既非客观的，也非主观的，而是转化性的。

知觉性的感觉

目前从事感官生物学研究的人们和梅洛-庞蒂一样认为，大脑并不分离出"感官数据"，而是将不同的感觉信号整合成对外部世界的有意义的知觉。除了视觉、听觉和触觉之外，他们往往还将味觉和嗅觉囊括进去。科普书《神经烹调法：大脑如何创造出味道以及它为什么很重要》在这方面提供了一个通俗易懂的例子。这本书的作者戈登·谢泼德的专长是鼻后嗅觉（鼻腔后部的嗅觉）。[18] 因此，并不令人惊讶的是，他坚持认为嗅觉对于大脑从接收到的多感觉输入中构建（他自己的术语）味道的能力具有压倒性的重要性。当食物被咀嚼并与唾液混合、最后到达咽喉时，就会产生鼻后嗅觉。这时，挥发性气味分子飘起、流溢，从鼻腔后部进入鼻子。尽管这发生在鼻子里，但由于"触觉系统"告诉人类说他们的食物在口腔里，所以味道是在嘴里被体验到的。触觉系统还以其他方式积极促进了对味道的知觉："通过用舌头操纵我们口中的食物，我们对食物的**口感**进行特征提取——它是光滑还是粗糙，干燥还是湿润，硬还是软，等等。"[19] 味道同样包含着颜色（在咬之前看到的）和声音（在咬断和咀嚼时听到的），舌头上的味蕾还增加了区分甜、咸、酸、苦、鲜的能力。在谢泼德的描述中，多感觉的输入使人的大脑将各种"感官刺激"整合成一个表明食物"味道"的总感知。

在针对知觉的实验室研究中，各种感官是被分开的。相比之下，谢泼德讲述了一些耐人寻味、设计巧妙的实验故事，这些实验呈现了各感官是如何合作的。他用日常生活中的例子和实验室中的语言来表述他的主张。例如，他写到他的读者（假定生活在美国）可能会在薯条上蘸番茄酱："你设计不出一种更有味道的寻常酱汁了。它直接激发了五种口味中的三种（鲜味已经被薯条的肉味所激发）。它用来自番茄浓缩物、香料和洋葱粉的挥发性分子刺激了嗅觉（更不用说隐藏在**天然调味剂**这一掩人耳目的术语下不为人知的人工化合物了）。[20]和雅各布森进行田野调

"因为他们的放牧劳动为你的福祉作出了贡献，他们的诅咒也可能是强有力的。"（73）

在这些句子中出现的"你"是一个拥有牧群的男人。在家庭中，这样的男人由负责做饭和分发食物的妇女喂养。"妇女（最好）确定其丈夫和每个孩子能吃的确切数量，每天把食物量调整到他们吃不完的程度。"（134）在先为丈夫和孩子服务之后，妇女应该用锅里剩下的东西来果腹。然而，由于没有人能够了解到妇女所舀出的分量，她独自控制着"剩余"的东西。桑布鲁人还有更详细的方法来平衡慷慨与欺骗。例如，在男人之间，分享自己的食物是官方认定的适当行为。但这并不意味着他们总是这样做的。"避免围绕食物产生深刻嫉妒的重要方法之一，是在未给别人提供食物的情况下，永远不要在他们面前吃东西，甚至不要让别人知道你在吃东西。"（134）

77

研的丹麦味觉实验室一样，在使主体得以辨识食物感觉特征的知觉之后，**认识**产生了，在这里被融合成味道。这种**认识**是由主体完成的，但它是关于外部世界的。它似乎是一次主客体相遇的直接结果。

但我的问题就在这儿。当谢泼德断言蘸有番茄酱的薯条正被闻到和尝到时，他把实验室里的观察心得投射到了发生在其他地方的事件之上。这种情况经常发生：实验室里的实验被认为应当提供关于身体的可概化的事实。这条假设轻而易举地略过了这些事实发生背后的精心编排和所有努力。人们实际吃薯条时，蘸番茄酱的具体情况往往是不一样的：没有经过训练的小组成员，也没有品尝室，周围的环境可能是嘈杂混乱的。谢泼德并没有深入探索过这些情况。他的番茄酱故事只是一个思想实验。对实际饮食行为的民族志研究表明，在实验室之外，人们可能永远不会意识到"来自番茄浓缩物、香料和洋葱粉的挥发性分子"正从他们的鼻腔后部飘来。即使他们吃着充满香味的食物，他们也可能什么都没有感觉到。

在二月的一个寒冷的晚上，我参加了一个由某教练举办的介绍课程，该教练为想要减肥的人们提供支持。学员们围坐成一圈。当我们轮流介绍自己，并说明什么让我们来到这里时，我承认自己是一个人类学家，而不是一个学员。我询问是否有人反对我使用他们的故事，并保证不会使用他们的名字。大家都对此没有异议。虽然有忏悔式的叙说，但没有人会说出自己极力想隐藏的事情。然后，教练要求每个人边思考边说出他们容易暴饮暴食的情况。一个人回答道："当我机械地吃东西时。"其他人也附和进来，承认他们也经常在咀嚼和吞咽中注意不到——比如说——薯片的脆度或黑面包加奶酪的口味。他们不停地吃着薯片，只是因为已经打开了袋子。他们也在忙着管教孩子的时候，心不在焉地嚼着面包和奶酪。

以下是关于**认识**的第一个心得：在实验室外，在野外，进食主体们可能会感知到他们所食用的食物对象，但同样，他们也可能感知不到。仅仅是舌头、鼻子和食物之间的接触还不足以让感知发生。在日常生活中令人分心的环境里，品尝可能轻易被跳过。参加减肥班的人们提到了这一点，他们认识到了这一点，这对他们来说是一个问题，是令他们懊恼的情况。但它就确实存在着。当进食被推到背景当中，当其他活动需要注意力时，对食物的感知可能根本不会发生。

如果男人们在一起玩，有人饿了可能会默默地退出。"如果你和一群同龄人在一起休息或玩播棋（ntotoi）时决定去吃饭，你不应该告知大家你为什么要离开，甚至不能告知你要离开这事本身。你可以暗示你要去灌木丛中大小便，只有到后来你的朋友才会意识到你再也不会回来了。"（133）返回不太合适，因为一旦回来，你可能就需要去小便。这势必会让你的朋友意识到你是跑去喝你妻子为你准备的一瓢牛奶了。

桑布鲁人曾作为游牧民生活。在整个殖民时期，他们维持着他们的大牧群。他们喝牛奶，再辅以灌木丛中的草本植物和绿色蔬菜。如有必要，他们还喝牛血。在节庆场合，会有被宰杀的动物的肉。年轻的男性不会吃家里的东西，他们会通过打猎来养活自己，尽管求爱的女人可能会留给他们一瓢牛奶。殖民结束后，这一切

58

为了让我们认识到，如果用心去做，感知食物可以是什么样的，教练向在场的每个人分发了一块松露巧克力。首先，我们必须从各个方向冷静地观察它。然后，我们被鼓励去闻它。只有在认真闻过之后，我们才能咬上一口。一小口。注意发生了什么。你的各种感觉分别是什么？你能把它们区分开吗？我们必须专注于我们自己的身体，只有当所有的松露巧克力被吞下后，我们才被邀请再次交谈。有人说，她认为松露巧克力样子很难看；也有人不同意这一点。有人说，她喜欢巧克力涂层的破裂声。还有人说，她一点也不喜欢硬涂层下面的奶油——如果她以她通常匆忙的方式吃松露巧克力，她永远也不会注意到这一点。有人承认这是一块很好吃的松露巧克力，但她吃它时无法抑制糟糕的感受——毕竟她在努力减肥。

感知不是进食主体和食物对象（客体）之间相遇的自然结果，而是作为复杂的社会物质实践的一部分发生的一个可能事件。感知是可能会发生、也可能不发生的事情，是做或不做都有可能的事情。一颗令人厌恶的樱桃核或霉菌的恶心口味可能会唤醒一个未觉知者的注意力，但在常规情形下，食物的"感觉特征"很可能会被忽略[21]。减肥工作坊的教练鼓励学员们注意，鼓励他们督促自己细细品味自己的食物。她向他们保证，这样做有助于他们减肥。

练习结束后，教练坚称，只有当你关注你的食物时，它才有可能给你带来满足感。当身体得到满足时，它就会告诉自己已经吃饱了。它就会停止进食。你不必强迫它停止；它自己会想停止。这使得专心的饮食与卡路里计数式节食非常不同，后者需要进食者自己来控制。教练问谁试过卡路里计数？几乎每个人都尝试过。有人说："它总让我很不好受。如果我又吃了一些东西，我就会想，哦，天啊，又是200卡路里。真是太丢人了。"教练点点头："是的，如果你想'又是200卡路里'，你如何能够享受你的食物？然后你就把注意力放在了卡路里上。你不去品尝，你就无法享受快乐。"在一切令人分心的执念中，卡路里计算可能会阻断满足感。"如果你真的喜欢你所吃的东西，就不会狼吞虎咽地干掉一整包饼干。你只有在对它毫不注意的情况下，才会这样做。"

教练希望培育学员们关注他们所吃的一切的能力。[22]这种关注与刚才提到的实验室中培育的知觉有着不同的形式。在都发生了变化。狩猎活动被压缩了。由于传染病以及可用土地的减少，牛的数量逐渐减少。与此相反，人的数量却在增加。因此，在可能的情况下，桑布鲁人都会种植玉米，把它作为一种额外的主食。年轻男性出去工作，他们赚的钱被用来购买大米，即使大米被认为不是特别有营养。加入牛奶和糖的茶作为新的"传统食品"受到欢迎。酒精饮料也被引进，女性可以通过酿制酒精饮料赚钱。这是一个相当大的转变。令人痛惜的损失之一是有可能食物中毒——尤其是肉类。"桑布鲁人将过度的力量与肉类的食用联系起来，这导致他们，特别是murran（年轻男性），被ltauja（字面意思就是"心"），一种精神恍惚所控制。桑布鲁人并不将这种恍惚（涉及类似于癫痫发作的剧烈颤抖）归咎于超自然的原因，比如灵魂附体。相反，它是在割礼仪式、

59

雅各布森笔下的实验室里，感知是为了收集关于食物对象（客体）的事实，而谢泼德所援引的实验室研究人员们，则在研究是什么让人类能够感知这些对象（客体）。相比之下，教练鼓励她的学员同时关注他们的食物所能提供的东西，以及给他们自己的身体带来的特定感觉。她关注的是人们对食物的身体反应：一种满足感。[23] 她认为，正是这种满足感，使一个人感到她吃得已经足够了。那么，在这里，感知世界和感觉自我并不是相互对立的，而是相互重合的。这表明，**认识**可能同时向外展开和向内折叠。

身体的感觉不仅来自遇到并食用食物，也来自食物的缺乏和对食物的渴求。针对这一点，教练鼓励学员们不仅要意识到什么时候吃得足够了，还要关注他们的饥饿感。

教练讲了一个故事：有一个学员是一名律师，她下班开车回家时经常感到饥饿。由于她想减肥，她尽最大努力不通过吃东西来解决这种饥饿感。相反，她通过打与工作有关的电话，使自己主动忘记饥饿感。这种分散注意力的做法的确使她的饥饿感消失了。教练说："不过，尽管忽视饥饿感可能让自己感觉良好，但它只会使你的身体进入储存模式。这样，当它下次得到食物时，它就会开始储存食物。"

以下是我们关于**认识**的心得。在工作坊参与者们的日常生活情境中，知觉食物对象和记录与之相关的身体感觉可能是主动进行的，也可能被遗忘和忽略。更重要的是，对食物的知觉可能会导向对食物的感觉，无论是快乐、满足还是饥饿。这样一来，外部世界和此间自我之间的固有区别就变得模糊了。相反，一个懂

60

得关注的人可能会了解到**关于**她食物的一些情况，而这些情况只与她的身体**有关**，也就是：食物是否足够了。

而"是否足够"只是食物的特征之一，与可能吃它、也可能不吃它的特定身体相关。这样的特征还有很多。

有一次，我以为自己喝的是脱咖啡因咖啡，然后感觉到一股咖啡因的冲入。这种冲入告诉我一些关于我自己的情况——我受到了过度的刺激，但也有关于咖啡的情况——它**不是**脱咖啡因的。还有一次，当我吃完一顿饭时，感觉有些东西不对劲。可能是鱼的问题。肯定是鱼——一想到再吃鱼，我就感到比原来更恶心了。这种感觉充斥了我整个身体，但同时它也为我提供了关于那条鱼的明确认识：它**不对劲**。

与这些情形有关的知觉性

婚礼或 murran 和他们的女友平常跳舞等情况下的一种强烈的情绪反应——或者是因为吃得好而产生的过度的力量。"（64）

我答应过要讲一个关于与食物间的感觉关系的故事。而这些片段说明，在霍尔茨曼的描述中，在桑布鲁人的生活中，这些关系并不突出。吃主要是为了其他东西：社会关系、公平、自食其力、诱惑、标记特殊的时刻、力量、陶醉。当霍尔茨曼问及口味时，他被告知，只要处理得当，在过去，所有食物吃起来的味道都是一样的：它总是很**好吃**的。因此，难怪桑布鲁语在味道方面的表达十分匮乏。"只有五个主要词汇被用来描述食物的口味，而且这些词都相当含糊。kemelok 经常被翻译成'甜'，然而它的意思与其说是甜的物理感觉，不如说是吃到美味食物时的积极体验。因此，kemelok 不仅被用来描述蜂蜜，也被用来描述特别的感觉（perceptive sensations）[1]同时存在**于我的身体**并且**关乎**我刚刚摄入的食物。在实验室里，咖啡因的冲击和鱼所导致的恶心被当成生理事实进行研究，它们往往被认为是特定食物对敏感的身体系统产生的**影响**。然而，在刚才上演的这些情形下，更合理的是把它们称为主体在与外部世界打交道时使用的**身体技术**。[24]

这样，**认识**就不再是以融合了所谓"五感"输入的大脑为模型了——无论它们之间是否分等级。[25]相反，它涉及更多的身体敏感性——包括那些感受到咖啡因冲击的或被恶心所淹没的敏感性。这就把**认识**从"身体"整合其各种感知的结果，转变为一个人与她碰巧在此时此地所吃的东西的具体的、当前境遇中的接触。这顿饭对**我**来说很满足，但对**你**来说可能还不够。这杯咖啡给**我**带来了咖啡因的冲击，但**你**可能注意不到它。这条鱼让**我**感到恶心，而你也许——好吧，如果**你**是一个与我有着相似微生物群（microbiome）和敏感性的人，它可能也会让你难受。但如果你是一只食腐肉的鸟，它就完全不会让你感到恶心。如果你是一种微生物，那么你可能会大快朵颐，或者更准确来说，正是因为一群使我感到难受的微生物在上面大快朵颐，这条鱼才让**我**给吐了出来。

这样一来，**认识**不需要被理解为一个自然的身体、**我的**身体所固有的东西，并把我周围的世界看作是一个综合的整体来感知。相反，这里所涉及的饮食故事表明，当一个特定的人在特定的情

---

[1] 作者在上文中不断提到既有理论将对外部世界的知觉与向内的自身身体的感觉进行区分。她通过大量的举例挑战了这套理论。而此处知觉性的感觉这一概念，将两个单词组合起来，即将二者进行结合所提出的新框架。——译者注

况下关注世界上的某一些碎片时，**认识**也可能会产生。当她摄入这些碎片时，**认识**会以这种或那种不完全可预测的方式对她产生影响。

评估参与

若从上述与饮食相关的故事中汲取灵感，知觉世界与感觉自我间的界限便模糊起来。确定事实与作出评价的区别亦如此。[26] 在雅各布森所研究的味觉实验室中，独立的品尝者们组成的**身体间机器**旨在确定关于所提供食物的事实，而忽略个体对食物的偏爱度。当蜂蜜样品被提供给大家时，品尝者们评估其酸度、甜度、多汁度、乳化度和颜色等特征。之后食品生产商根据评估结果进行配方改良。然而，这些实际目的与知觉的瞬间被小心翼翼地划清了界限。不过，在其他很多地方和情形下，这一点有

美味的肉。甚至发酵过的牛奶也可以被描述为 kemelok——如果它已经被很好地酸化了……除了 kemelok 之外，只有一个味觉词描述了一种积极的感觉。keisiisho 表示咸味，特别是在酸牛奶中。其他所有的味觉词都在不同程度上是负面的。kesukut 用于已经开始变酸但未能凝结的鲜奶，这被认为是牛奶的一个严重缺陷，尽管并没有使它到不能饮用的地步。针对肉类的一个类似的词是 kesagamaka，它形容的是已经开始变坏的肉——尽管按照西方标准，只有肉变得腐烂不堪，人们才会拒绝食用它。ketuka 指的是无味的食物，例如饲料不含盐的动物的肉。如今，不含脂肪或牛奶等添加剂的粥也被称为 ketuka，或者可以被描述为味道像 nchatanatotoyo，即一根干树枝。另一个味觉词汇是 kedua，即苦味，不过它并不适用于食物本身，而是用于草药

62

所不同。[27]

八月里晴朗的一天，我为自己和女儿 E 烹饪番茄汤。她回家后忙着写硕士论文，我则在努力"驯服"这本书。后者着实困难：我屡次把自己带进死胡同。相比之下，为我们两个做一顿简单舒心的饭菜则简单得不在话下。炖汤时，我先用橄榄油小火翻炒洋葱，再加入一些番茄块，几小片生姜，一块蔬菜浓缩汤料和一些水。锅内的混合物炖煮片刻后，我让它稍稍冷却，然后倒进料理搅拌器中。搅拌器通过小孔挤压略带黏性的食物，过滤掉外皮、种子和其他硬块，余下的食材便成了质地宜人、口感纯正的浓汤。热汤时，我拿起勺子品尝。

在厨房品尝并非为了收集汤的酸度、甜度、多汁度、乳化度和颜色等基本事实。相反，我想知道汤是否**好喝**。这种品尝与其说是确定事实，不如说是主观评估。这种评估不是评判性的，我没有扮演烹饪大赛的评委，为自己的成果打分。[28] 相反，那个时刻，我希望了解汤的配方是否需要进一步调整。也许应该给它添加一些柠檬汁、糖、胡椒或盐，说不定还要添加一些百里香或者罗勒叶？这种**评估**并不是为了确定"汤很好"或"汤太令人失望了"这类评估性的事实。相反，我的初心是如何改进我的汤，让品尝者，也就是我和我女儿满足。

带着欣赏的眼光品评汤的味道，有助于提升。这意味着，品尝不仅在于接受，接受世界本来的样子，也可能在于积极干预。并且，汤不是唯一能改进提升的事物，品尝也有助于改善世界上的其他事物。

我和 E 坐下来，边吃边讨论了一会儿工作。你的写作进展如何？你呢？有时候，E 打断自己的知识思索，插入关于汤的话题。"真好喝！加了姜吗？"

短短的一句话可以展开诸多解读。首先，**好喝**是对汤的积极评价。但这里还包含更多含义。肯定食物美味是一种赞美方式，与表达"你是一个好厨师"或"你今天做得很不错"异曲同工。但本例中，E 并非想称赞我做得好，而是认可我做饭这件工作："妈妈，谢谢您做饭。"E 的这句赞赏不仅称赞了汤，也对当下整体气氛和我们的母女关系产生了积极影响。

除了美味的评价，E 的话里还包含姜存在与否的提问。这个问题看似关乎事实——汤里有没有姜？但同样，这句话蕴含更多含义。通过指出汤里有姜味，E 表明了她的评价并非凭空捏造。她没有一边全神

和胆汁。"（62）

这一长段话表明，一个人的味觉不仅仅取决于"人的身体"。所吃的食物有助于形成感觉机制。与食物相适应的语言汇辑有助于区分那些当地的口味。放牛的人和为他们提供"好食物"的动物们生活在一起，也许并不需要那么多词汇来说明这种"好"，只需要一到两个词就够了。新鲜牛奶的美味，可能会和饮用已经开始变酸的牛奶所带来的轻微失望形成对比；好的肉带来的满足感，与对即将变质的肉的警惕形成了对比。提及肉类缺少盐分标志着牧民对牧群的关心不足，他们应该为动物们提供舔食的盐分。加上草药的苦味，与传统桑布鲁人生活相关的词汇就完整了。与此相反，当代桑布鲁食物的缺陷被囊括在那个用来描述未经调味的粥，即用玉米制成的粉状食物的词中。它即使被烹饪得很好，口味也

63

贯注于论文，一边机械地说"谢谢"。她确实注意着汤，并发觉了其中的姜味。此外，她再次展现出自己的好女儿形象，向母亲传递了期待学习烹饪的信号。如果姜成就了这碗汤，E 也许也会将姜添加到自己做的汤里。也许实际上她不会那么做，但这不重要，重要的是传递欣赏的信号，欣赏这碗汤，欣赏烹饪，欣赏我这个母亲的关怀。这些欣赏客体之间没有明确的区分：它们彼此流动交汇。[29]

与这些家庭情境相关的**认识**，无法产生实验室所觊觎的（关于食物或者生理学的）事实。它也不采取烹饪比赛式的评判方式：重点不是要确定汤**是好是坏**。相反，我品尝汤的目的是为了确定汤是否足够符合我和我女儿的口味，是否需要改进。E 则通过赞美汤表达对我的感谢，使整体氛围变得融洽。所以，评估性的认识围绕着我们，从一个对象（客体）再到另一个对象（客体）。同时，理解世界与试图调整互相交织、密不可分——或许调整的仅仅是很小的部分——由此逐渐接近当前更**好**的结果。这就是关怀。

但如果提升食物口味有助于提升整体环境的质量，那幸运的话，改善环境和氛围也可以提升食物的口味。[30]在养老院里，这个发现可以用于促进认知障碍患者进食。对他们来说，需要的是多吃，而非减少饮食。

研究表明，如果养老院老人们吃饭的环境氛围得到改善，他们往往会吃得更多。因此，在蓝色家园这家养老院，桌子上摆放着颜色鲜艳的餐垫。热腾腾的饭菜不是用一个个盘子盛出来的，而是用可以分享、自助取食的盘子来盛的。通过这种方式，进食者不再需要抽象地说明自己的喜好——喜欢豌豆还是胡萝卜，而是可以以更直接的方式选择他们想吃的东西——看一看、闻一闻，这里有两种蔬菜，此时此地你想吃哪一种？吃饭的房间应该保持安静，没有人在附近徘徊或进进出出。如果有可能的话，护理人员会坐在住院病人中间，鼓励在用餐时交谈。其中一位护士在这方面做得尤其好。她问道："史蒂文斯夫人，您去哪里度假了？你是说去了山里？哦，那太好了。或许是在奥地利？"她也会鼓励性地看着人们的眼睛，问一些诸如"好吃吗？"或"你喜欢吃香肠，对吧？"的问题。[31]

当辛勤工作的蓝色家园护士询问她所照顾的老人们是否喜欢他们吃的食物，她并非试图了解食物是否好吃或合口味。相反，她是在把他们的注意力转移到食物上，以便他们可以从吃中获得更多的愉悦。她问

不怎么好。它什么味道都没有。语言中没有一个具体的术语来描述这一特定的负面评价，因此找到了一个类比——**干树枝**。这就是现代性之于当代桑布鲁人的味道。

功效和美学

在我的田野点，食物给身体留下印象的种种方式被分解开来。营养素被认为具有实质性的生理**功效**，它们可以允许或阻碍身体功能，而味道被认为是由感官**意识到**的。当它们与感官对话时，味道可能带有鼓励进食的信息（是的，有营养）或警告不要进食的信息（小心，危险！）。然而，在日常说法中，味道往往被认为"仅仅"是审美的、偶然（或次要）的品质，是提供愉悦的轻浮的附加物。关于这一点还有很多可说的，但在这里，我不打算进一步分解，而是将这些复杂性折叠在一起，引入一个与其他地方的对比。因为**产生功效**和**被意识到**之间必须分开，这一点并非不言自明。例如，在中国传统中，食物的味道对身体有直

题的内容是无关紧要的，仅是她提出问题并十分关心这一事实，就能使人愉快和振奋。聊天就像颜色鲜艳的餐垫一样，可以改善气氛，从而有助于人们对他们食物的品赏。事物是在连带作用下被理解的。[32]对其中任何一者的关注都有助于提高其他方面的质量。

以下是对理论的启示。如果这里讲述的情况被视为**认识**的典范，那么**认识**将是一种评估性的参与，在这种参与中，各种对象（客体）被结合起来品赏，无论是汤、生姜、母亲的努力，还是餐垫、气氛、聊天。这种品赏性的**认识**不只是在对象（客体）之间移动，还影响着它们。知觉和感觉都是积极尝试改善的一部分。品尝一口汤，说它好喝，铺上餐垫，问"它好看吗"，所有这些参与都是关怀。在这里，认识的对象（客体）适应于吃它们的主

体。我们在这里所拥有的是一种**认识**模型，在这种模型中，相互适应和实质性的转化交织在一起。

转变主体

在带着品赏去认识事物的过程中，事物可能会被改变。我可以在汤里加一点柠檬和蜂蜜，这样对那些要吃它的人来说，味道会更好。我的女儿可能会赞美这道汤，从而哄我开心。蓝色家园的护士可能改善那里的气氛，从而使用餐更有吸引力。而且，不仅仅是食物本身的质量可能会发生变化，同样地，吃东西的人们的知觉能力和身体感觉也会发生变化。

V 和我初次了解蔬菜评分卡是在与一位营养师的访谈中。这些卡片构成了一种严肃游戏的核心，该游戏旨在使儿童熟悉蔬菜的感觉特质。它们列出了大量的蔬菜，展示了图片并提供了名称，而每张卡片旁边都有一列空格。对蔬菜不太感兴趣的孩子会收到卡片。游戏是这样的：每当孩子吃一种蔬菜时，她可以在卡片旁边的一个格子里打一个 ×。当她填到一种蔬菜的第 16 个格子时，她就可以用荷兰学校现行的打分制度，对抱子甘蓝、西兰花、青豆等蔬菜进行最后的裁断和打分。通过这种方式，这些蔬菜最终被打上了 1（非常差）到 10（完美）的评分。营养师告诉我们，这种方法的关键优势在于，儿童不必听大人坚持说某种蔬菜是好的，其定性没有被客观化。相反，儿童可以发展自己的喜好，他们不喜欢的也会被认真看待。然而，她补充道："但我告诉他们，不要太快作出负面评价。他们应该给这种蔬菜一个公平的 66

接的功效。正如冯珠娣（Judith Farquhar）在她的书《饕餮之欲：当代中国的食与色》（*Appetites: Food and Sex in Post-socialist China*）中所说的那样，"在汉语和草药所构成的习语中，我们可以看到苦涩的体验可以用味甘的药物来治疗，而味辛之物则用来使顽固滞碍的旧病症转变为健康的身体运转"（66）。在日常说法中，中国人将食物的口味与疗愈的机会联系起来。在医学论著中，这些关联被详尽地阐述。例如，**辛**味具有"行气、活血或温润滋养"的功能（156）。**甘**味的功效是补充身体所需，加强用于治疗耗损性疾病的药物的药效。它还可以舒缓急性疼痛。**酸**味有助于收缩和抑制，因此它能抵御过度的排泄。**苦**味的作用是排水和干燥。最后，**咸**味则"软化硬物，打散肿块"（156）。以上词语的英文译法都只是近似，与中医语境下表达和唤起的东西不同。这份简短的清单应该已经能

机会。"[33]

在这里，认识和评估呈现出相互依存的状态：通过了解蔬菜，你学会了去喜欢它。一种蔬菜并不生来美味或令人厌恶。相反，问题是它感官上的特性如何打动**我**——这个在餐桌上面对抱子甘蓝、西兰花或青豆的孩子。蔬菜评分卡邀孩子们来打分；孩子们若要被认可为一个具有鉴别力的主体，必须付出的是他们"给这种蔬菜一个公平的机会"。他们应该认真严肃地参与，至少吃上15次才能打分。提出这种游戏的成年人的期望是，通过一次又一次地试吃一种蔬菜，孩子们会对它产生兴趣。如果在一些情况下没有达到这个效果，那么抱子甘蓝最后仍然停在5分这样的**不及格**低分那也没关系，至少在同时，西兰花和豆子（加上胡萝卜、西红柿、西葫芦）已使主体产生了改变。它

们已经让孩子适应了它们的味道。

这里关于**认识**的一个心得是：对一个事物进行感知性的参与，同时对它进行评估，这也许可以改变主体。当把品尝组织成一场互动游戏时，主体可能逐渐学会欣赏食物对象（客体）。但是，如果说食物可以使食客对它们的特性感到温暖，它们同样也可能破坏主客体之间的关系。

在一次学术会议的午休时间，我们正步行穿过一座大学城的街道。一位同事方才听说我在研究"吃意味着什么"，便告诉了我一个令人心碎的故事。在她 11 岁时的一个节日，她参加了她童年时所在的那座荷兰村庄组织的吃煎饼比赛。比赛的目标是吃"尽可能多的煎饼"。她爱吃煎饼，也爱赢。她吃啊吃，终于赢了。她赢了！然而，从那一天起，她就不喜欢煎饼了。更糟的是，它们让她感到恶心。仅仅是闻到味道就足以让她感到难受。即使某天她在没有其他东西可吃的情况下，也没法咬一口煎饼。饥肠辘辘也不足以克服她的厌恶感。

这是一段典型的被毁掉的关系。情况不严重时，厌恶感可能会逐渐消退。在吃了变质的鱼之后，人可能会呕吐，恶心一两天，但也许在几周之后，又能高兴地吃鱼了。然而，在我这位同事这里，厌恶感已经牢牢扎根。光荣地赢得比赛后，我的对话者的 11 岁自我在不知不觉中破坏了她一生吃煎饼的感觉。或者说破坏者是她吗？也许怪罪于煎饼更说得通。[34]

以下是对理论的启示。与食物对象（客体）的互动可能会提高一个人的感知能力，但也会增强她的欣赏倾向。食物的**口味**必让人明白，味道无需被理解成食物的偶然特性，也不需要被理解为关于食物其他属性的信息，更不是只提供审美欣赏的点缀。在中国传统中，食物的味道对食用者的健康有直接功效。

味道对生理的功效植根于一个漫长而复杂的传统。为了阐明这一点，我将引用另一本书：胡司德（Roel Sterckx）写的《早期中国的食物、祭祀和圣人》（*Food, Sacrifice and Sagehood in Early China*）。该书展示了战国时期韩国的一系列文本材料。胡司德写道，在当时的语境中，吃就是共餐，而且不仅仅是在活人之间。在每餐中，已逝者都会得到一小部分作为祭品。"祭祀仪式是战国和汉代中国日常宗教生活的基石。献上或生或熟的动物或蔬菜祭品，是一项从家庭延伸到当地社群、国家、帝国和宇宙的活动。与祭祀经济有关的义务以不同的方式贯穿了社会大多数阶层的公共和私人生活。"（123）

然会影响到吃它们的人的口味。人对食物的喜好可能会变多或变少。这可能是可逆的，也可能是不可逆的。变化可能会在反复的过程中缓慢地发生，也可能在某一单独的、并不一定是节日的场合下非常快地发生。

食物可以以各种方式塑造食客的欣赏倾向。其中之一是，一系列的备餐技巧可以被综合到一种文化汇辑中，即"风味菜肴"；同时，一群人被聚集在一起，他们共同认可这种菜肴是他们"文化"的组成部分。

在蓝色家园的认知障碍患者病房里，大家正在吃午饭。大多数患者的餐食包括豌豆或胡萝卜，配上肉丸或鸡肉，以及炸土豆或土豆泥。他们可以在两种传统的荷兰餐和构成它们的三种元素之间进行选择。而克勒克斯夫人吃的是印尼炒面（bami goreng），它原本是一道印尼菜。ba 表示有肉，mi 是一种小麦面条，而 goreng 则意味着这些食材已经与某些混合蔬菜一起炒过了，有时还有虾或鸡蛋。印尼炒面中另一种不可缺少的食材是叁巴酱，这是一种红色辣椒酱。克勒克斯夫人显然很喜欢她的食物，她一勺接着一勺，专心地把食物送进嘴里。没过多久，她的盘子就空了。一位护士告诉我，克勒克斯夫人并不是每天都吃得这么好（意思是食欲高涨），给她"普通"食物（也就是荷兰食物）的时候就不行，而给她印尼（Indisch）菜的时候，她就总是这样。[35]

68

Indisch 是荷兰语形容词，指的是与荷兰殖民时期的印度尼西亚有关的事物。克勒克斯夫人在那里长大，她是一个印尼人，一个有着印度尼西亚（通常是爪哇）和荷兰混合血统的人。[36] 20 世纪 50 年代，在印度尼西亚终于独立后，荷印混血（Indos）在那里感到不受欢迎，他们中的许多人"回到"了自己从未去过的尼德兰。荷兰社会工作者们的任务是促进这些荷印混血移民的融入，他们教移民妇女如何用土豆做饭，理由是土豆比大米便宜。尽管作出了这样的努力，但这些移民中的大多数并不热衷于荷兰食物，而是坚持他们传统菜肴的各种变体，并根据现有的食材进行调整和适应。如今，护理机构都努力做到"文化敏感"，而在蓝色家园，这意味着每周都会有几次为克勒克斯夫人提供她喜欢的印尼菜。

但是在荷兰，不仅仅是荷印混血吃印尼菜。自 20 世纪 50 年代以来，印尼餐馆陆续开张，有关的烹饪书籍也陆续出版，大部分必要食材现在都可以在荷兰的超市买到。[37] 印尼炒面和印尼炒饭（nassi goreng，其中 nassi 是米饭）不仅成为了许多荷兰家庭的常见餐食，也成为了荷兰军队和其他拥有中央厨房的机构的常见

69

在日常的家庭餐中，只需提供少量的祭品即可。在特殊场合，相比之下大集体会向神灵献上大量的祭品，希望他们能加入庆典活动中。"祭祀过程把人类所有的感官综合进音乐、舞蹈、香味和视觉奇观中。祭祀空间代表了一个象征性的场域，通过感官途径来引诱神灵。"（83）为了引诱神灵，供上的食物是五颜六色和美味的。"食物是几种感官途径中的一种，它们提供了与精神领域沟通的通道。"（83）直系的祖先，就好像活着的食客，必会喜欢所提供食物的味道。遥远的祖先更可能喜欢"缥缈的食材"（ethereal ingredients）。"神灵在一个超越味觉的世界中活动，在这个世界里，感官记忆越来越脱离人类的感觉和尘世间的味道。"（85）因此，用愉悦感官的东西引诱神灵的成功是不确定的。他们有可能会出现，但也有可能不会。

但是，不论味道引诱神灵食物。

出于效率和经济上的考虑，蓝色家园提供的食物是在位于河景的厨房里预先准备好的。河景是一家大型疗养院，老人们可以在自己的房间中度过每一天。我在那里进行观察的时候，也在餐厅里帮忙收拾桌子。这让我有机会询问餐厅工作人员西斯卡，问她觉得他们提供的食物好不好。西斯卡回答说："是的，大部分都不错，有时还特别好吃。特别是印尼炒面。厨师做这个的手艺很好。"在厨房提供传统荷兰菜的日子里，西斯卡（她很注意节流，晚上会在家为丈夫和孩子做一顿热腾腾的晚餐）会带着自制的三明治作为午餐。但周四是例外。在那天，河景提供的两份热腾腾的午餐中有一份是**外国**菜，有时是意大利菜或墨西哥菜，但最常见的是印尼菜。如果西斯卡提前几天注意到菜单上会有印尼炒面，她就会把三明治留在家里，然后花钱饕餮一番。真美味！

在做印尼菜时，厨房工作人员会多做一些，并将其冷冻起来，以便食客中的荷印混血在另一天享用。但西斯卡不是荷印混血，她并未提到喜欢这道菜的原因与印度尼西亚的家庭关系有关。相反，她对这道菜的质量和厨师的专业技能赞叹不已。西斯卡并未将她自己对印尼炒面的喜爱归结为一个文化问题，而是认识到它特别高的质量。她能够识别一碟美味的印尼炒面和一碟普通的印尼炒面。她以一种低调的方式成为了一个鉴赏家。[38]

在这两个故事中，对一道菜的**认识**有助于形成认识者对它的欣赏倾向。一定口味**范围**内的菜肴会使一群食客适应其味道。这些菜肴和他们的食客共同形成了一种"饮食文化"。这促进了食客对不同"饮食文化"的归属感，以及不同"饮食文化"之间的分化。然而，人们也会区分菜肴的口味**梯度**，有些是还不错，有些则真的是很美味。习得这种独特能力的人，也就是那些对食物很**了解**的人，都将自己与其他不太具有鉴别力的食客们区分开来。在以上两种情况下，认识对象（客体）对认识主体都有形塑作用。食物塑造了食客们的口味，并将他们归为几类。[39]

然而，如果说食物可以在多年的时间里改变食客的口味，它也可能在更短的时间内发生。 70

在提交硕士论文之后，E在巴黎工作了几个月。当我去那里看她时，她为我们在一家无麸质餐厅订了位。真是一番享受。不用仔细琢磨菜单里面是否藏着小麦，不用与厨房来回交涉，没有肚子疼可能与否，它们对人类有什么作用？在胡司德分析的文本中没有描述这一点，但从他的预设中可以看出。这些文本描述了一个理想化的人，也就是说，这个人既是统治者又是圣人。他被建议最大限度地训练他的感官。"拥有卓越的感觉水平是中国古代圣人之境及其能力的一部分。"（168）感官在这里没有等级之分。在希腊传统中，视觉和听觉两种官能以能够提供有关基本和有效事物的知识而闻名，而嗅觉和味觉则被认为是感觉上的，只提供快感。在中国传统中，知识并不与快感对立，但有其他一些重要的对立，最重要的是节制与过度的对立。同时，所有感官都被认为参与了欣赏世界。眼睛享受美丽的风景；耳朵从和谐的声音中获得快乐；鼻子喜欢芬芳的气味；嘴巴品尝美好的口味；而身体则重视休息和放松。圣人可以享受所有的这些快乐，他只需要避免过度沉溺。保持适度和平

的风险。我们点了菜，然后等待。我已在城市中游荡了几个小时，不免饥肠辘辘。当我们邻桌的客人拿到他们的食物时，气味很诱人。我偷偷地瞥了一眼他们的盘子，内心非常渴望。"别盯着看，妈妈。"最后（感觉好漫长……）终于到我们了。这一次，我称赞了食物，这些赞美既是对餐厅，也是对我女儿，她费心寻找并订了座。[40]

甜品上来了，E咬了一口，皱起了眉头。"嗯，吃着很奇怪。"她以前从未吃过杏仁奶冻。她吃了几口之后，我问她是否想换菜，但那时她已经改变了主意，或者说她的感觉已经改变了。"不，谢谢，我喜欢上它了。"我对我自己的甜点——梨挞的反应是相当不同的。第一勺我很爱吃。但几口之后，这块挞就失去了诱惑力。它的味道没有变，我却变了。我在吃饭前很饿，但这是我的第三道菜了，说白了，我已经吃饱了。[41]这大大降低了食

物的吸引力，不仅是梨挞，任何食物都是。邻桌新上的菜闻起来一
点都不诱人了。我试着把它们屏蔽在我的视线之外，以避免感到厌
恶——甚至恶心。当我在柜台付款时，我完全不想去购买陈列在那
的无麸质饼干。不要饼干。明天和后天都吃不动了。很难相信我还
会想吃任何东西。

在这里，（E 对杏仁奶冻的）适应进行得很快，但（我与不仅
限于一个好吃的梨挞的所有食物之间关系的）破坏也进行得很快。
一些习惯化可能会促进一个人喜欢一个东西。但饮食——摄取、
消化——也可能严重削减喜欢的程度。此外，不仅是一个人的知
觉能力发生了转变，她的感觉，她发自内心觉得什么好吃、什么
不好吃的感受也发生了变化。难怪在雅各布森进行田野调研的味
觉实验室里，小组长们鼓励组员"吐出"，吐掉残余。毕竟，实验
室是在探索食物样品的"感觉特征"，而为了达到这个目的，品尝
者们必须如一张白纸似的接触每份新的样品。相比之下，在餐厅
中，人们并不会这样吐出来。在那，人们是为了品赏那些味道，
同时也是为了满足他们饥饿的身体。[42]

以下是对理论的启示。吸收的食物可能会同时转化食用者的
鉴识能力和欣赏倾向。吃改变了了解一道菜有赖于的可能条件。
吃可能会使食客习惯、喜欢上她食物的口味，或者阻碍进一步的
品尝。对一道菜的了解可能导致对它更积极的评价，或者使品赏
另一口菜变得不再可能。[43]

食物在这个过程中发生了变化。在被咀嚼和吞咽之后，梨挞

衡是他的任务之一。"君主应像厨师一样，致力于维持平衡，保护最关键的东西，注意不要因为过度沉迷于外在的感官享受而忽视了事物的内在品质。"（70）过度放纵是一种软弱的体现。在收成不好、普通人挨饿的时候，囤积肉类或举行宴会也是一种过度放纵："贤君要能够在感官满足中找到充分的快乐，需要满足一些前提。只有当国家秩序良好时，他的器官才有能力充分'感受'。"（179）

贤君必须为国家的井然有序作出贡献。这种秩序使贤君能够充分地感受。只有这样，他可以适度地品赏提供给他感官的东西，包括食物。食用美味的食物，同样是适度地食用，会培养贤君的能力，有助于帮助他进行明智的统治。这里不存在本质的、实质性的（生理）功效和"仅仅是"偶然的（审美）愉悦之间的对立。食物为人提供了营养，这归功于它的

失去了诱惑力。如果我因恶心而吐出我的三道菜晚餐，一只狗可能会喜欢这些东西，但餐厅里的其他客人不会。由于我把饭菜留在体内，它得以在转化**我**这方面创造了奇迹。它可能破坏我的胃口，但它也为我提供了足够的能量，使我能够走出餐厅去坐地铁，穿过漫长的轨道，再次回到街上，一直走回 E 的公寓。

生活与体验的交织

梅洛-庞蒂提出，leben，即生活，使得真正重要的东西——erleben，即体验得以发生。在我这里所描述的情形中，生活和体验并不是像这样堆积在一起的。因为当减肥教练鼓励人们享受他们的食物时，二者的关系是相反的。他们对食物的愉悦感可以帮助他们减肥：加强他们的体验可以改善他们的生活。当认知障碍患者被引导

着去吃更多的东西，或者当孩子们给蔬菜"一个公平的机会"并开始喜欢上它们时，也是一样的情况。在这两种情况下，愉悦并非生命力的一个额外层次，而是为生命力贡献了作用。我和我女儿分享的饭菜保证了我们的生活，但我们本可以更轻松（购买现成的汤）或更便宜（巴黎有很多快餐店）地打发这一餐。新鲜的汤和好客周到的餐厅所带来的额外愉悦并不是生存所必需的。但是，把共餐分为摄入营养、享受食物的美味以及享受陪伴的温暖是没有意义的。在某些情况下，健康和快乐，或大脑和肚子，可能会被分开，但并不总是如此，也不是在任何地方都如此。在实际情况中，生活和体验很有可能是互相平衡、服务彼此，交织在一起。

　　但是，如果生活不居于体验之下，这就扰动了标志着20世纪哲学人类学中"人类"的等级制度。与此相关的饮食情形也可以被进一步地扰动。因为在吃的过程中，我们看到，对外部世界的远距离知觉不必与对自身的近距离感觉对立起来。被吃的食物和正在吃的身体可以被一同知觉、感觉、感受到——认识到。而伴随着的认识模型是针对具体地点和情形的。我在此处，在当下，作为一个特定的主体，带着特定的知觉和感觉的经验，去适应——去了解，去喜欢——这道特定的汤。这么做的时候，我不只是让我的五感发挥作用，而是让远多于此的信号和品赏系统发挥作用，包括食欲、满足、母爱或恶心。当知觉溢出到感觉时，确定事实也扩展到了评估。我知道咖啡里有咖啡因（我也许喜欢，也许不喜欢，它也可能会过度升高我的心率）。事实的发现有可能是关系图（relational plot）的一部分（妈妈，加了姜吗？）。反过来，评估不一定以裁定结束，但可能会导致干预：如果汤的味道

73

味道，它携带着生命的能量：气。"通过气这一媒介来摄取味道，可以使人头脑清醒，从而能够进行统治。"（64）在公元前的中国，食物的功效与它可能提供的愉悦并不相互对立。相反，通过"气"这一媒介，功效和欣赏同时发生。

我喜欢这一点。我整体的论点并不依赖于此：我在省内的田野调研中遇到的饮食情形，足以唤起对**认识**的既有想象的再审视。但即便如此，对理想的中国贤君的建议中所隐含的**他者**也令人高兴。必要和偶然不需要被分离开；快感不需要被鄙夷，它可以被适度地享受。我并不是要把产生那些经典文本的国家的生活浪漫化，但它们的特殊性帮助**我**——在此时此地——摆脱了强加给我的知识传统中那些被认为是不言而喻的东西。它们为我提供了一个"福柯式时刻"。我想知道，读者们，它们对你有什么影响？你如何领会它们？

似乎需要更多胡椒，我就加点胡椒。那么，我们在这里拥有的一个**认识模型**当中，我们不是被动地领悟世界，而是主动地参与世界。

这些参与是会有结果的。在这个过程中，与"我吃"有关的知识的主体和客体都在转化着彼此。客体改变了主体的评鉴能力和欣赏倾向。客体和主体之间的适配可能会改善（一个从前不爱吃西兰花的孩子可能会学着喜欢上它），也可能会恶化（一个爱吃煎饼的孩子之后可能会厌恶它）。特定范围的食物可能使一群食客适应共同的口味，从而形成一种饮食文化。有辨识力的食客们也会依据质量区分食物。食物和食用者之间的适应和调和可能需要很长的时间，但食物也可能在一顿饭的过程中就转化食用者的感觉。几口之内，杏仁奶冻可能从"略奇怪"变成"挺不错"。在一两个小时内，一种食物可能就从闻来诱人转变为令人抗拒。食物一旦被摄入，就会使接下来摄入的食物失去其感觉上的吸引力。

如果主体发生变化，客体也会发生变化。在刚才讲述的饮食情形中的**认识**模型中，首先，相关的主体可以改善食物对象——通过烹饪和调味——但随后又剥夺了使其如此有吸引力的那些特征。一旦被咀嚼，食物看起来就不再诱人。一旦被吞下并与胃酸混合，它也不再有好味道。一旦进入肠道，在微生物的帮助下，食物的气味会变得令人作呕。那么，在吃的过程中，认识主体并没有与认识的对象（客体）保持距离。相反，主体和客体相互干扰，相互改变，相互交织。与其说是表征，不如说是其他关系模式在发挥着作用：学习如何被影响，也要学习如何去影响。还有感受愉悦，改善；归属，区分；关心，干预；满足，喂养；咀嚼，欣赏；倾听，关注。在这个模型中，**认识**不是**关乎**世界，而是在**世界之中**。它是具有**转化性**的。

74

第四章　行动

在其 1999 年出版的《身体的语言》一书中，栗山茂久揭开了他书标题的后半部分——古希腊医学和中医之差异。其中有关于两种医学传统下的医生以不同的方式诊断病人的精彩故事。两者都会探测脉搏，但古希腊医生试图查明脉动的节奏，而古代中国医生则感觉能量的流动。两者都会观察病人的身体，但古希腊医生观察肌肉并诊断其运动的能力，中国医生则注意一个人的皮肤和舌头，以评估他的活力。古希腊传统醉心于"意图的表达和肌肉意志的行使"[1]，而相比之下，在中医传统中，"人不仅在诸如生长和营养等'植物性的'（vegetative）过程中类似于植物，且在他们的道德发展中，在他们作为人的成长和呈现中亦与植物类似"[2]。为了说明（古代）希腊人与中国人的身体差异，栗山将两幅图并列对比。一幅来自维萨里（Vesalius）1543 年的解剖图册[1]，它展

---

[1] 指《人体的构造》（*De Humani Corporis Fabrica*）。——译者注

示了一个经过良好锻炼的人死后的状态，用镊子和刀清除了皮肤、结缔组织、血管和神经，使其肌肉清晰可见。另一幅是 1342 年由一位不知名的中国医学画家所绘[1]，这幅画展示了一个相当丰腴、缠着腰带的活人，画家在他身上画了一条经脉和上面被一一命名的穴位。栗山指出，这两张图中的任意一张都会令精通另一种医学传统的医生大惑不解。古代的中国医生不用刀把肌肉与其他组织分开，他们甚至没有"肌肉"一词；西方人则从未发现经络，并认为描画经络的图像很荒唐。

　　栗山的比较分析很有说服力地表明，对于那些想了解它的人来说，"身体"是什么样的并非显而易见。不同的医学传统对身体有不同的认识。这里，我把栗山对中国传统的分析暂且放在一边，来看看他如何分析古希腊人对身体的理解。他说，他们的理解是基于肌肉的："在追索肌肉概念的明确性时，我们也在追索一种自主意志感的明确性，这并非巧合。对身体肌肉的兴趣与对自我能动性的关注是分不开的。"[3] 在这里，我们又遇到了古希腊的"自由民"，尽管他们没有像阿伦特在《人的境况》中所描述的那样参与着政治讨论。这一次，他们是在体育馆里锻炼身体。他们训练自己的肌肉，从而得以控制自己的身体运动。栗山认为，在西方传统中，所有的自主动作参照的模型都是：一个自由民可以任意开始和停止他腿、胳膊、脖子和躯干的运动。在他的自我认知中，这甚至比作为自由民比**他人**优越还要珍贵。"希腊肌肉发达的身体的历史，在早期涉及的是希腊男性相对于'他者'——动物、野蛮人、女人的自

---

[1] 指滑寿所著《十四经发挥》。——译者注

情境化的身体

在《代谢生命：印度的食物、脂肪和疾病的吸收》（*Metabolic Living: Food, Fat and the Absorption of Illness in India*）一书中，哈里斯·所罗门（Harris Solomon）展示了他在孟买一个混合型邻里社区进行田野调研的见闻和收获。在那里，正如在全球许多地方一样，超重和肥胖率正在飙升。随之而来的是代谢综合征发病率的升高。代谢综合征是动脉硬化、高血压和导致 2 型糖尿病的高血糖的组合。它是一个全球性问题，但是所罗门在医疗方面的信息提供者不再把"身体"当成是具有普遍性的。尽管他们已将国际上的既定标准用于**印度人**的身体，但尤为特别的是，他们降低了他们所认为的

我定义史。但它后来也与自我定义的另一个方面的演变联系在一起，这个方面较少被研究，即自我与变化的关系。"有些变化会直接发生，而有些变化则是自我可以自主控制的："此后，对身体的所有解读的核心将被二元对立所框定，这种二元对立将自然或偶然发生的过程与灵魂发起的动作相对立起来。"[4]

在接下来的几页中，栗山这样写道："在西方的自我理解中存在着一个基本的分裂：自主动作和自然过程之间的分裂。"[5] 这是对西方式自我理解的一个很好的表述。而我在本章中试图抛开这种自我理解。中国和其他非西方的传统有很多**行动**的模型，避开了"自主动作"和"自然过程"之分，我会在那里寻求灵感。然而，我已经把坚持所谓西方语境**中**的"他者性"作为我的追求。当古希腊的"自由民"在谈论政治或锻炼肌肉时，所谓的妇女和奴隶在为提供食物和饮

料而劳作。这种劳动涉及**培育**所谓的自然过程，这需要努力，但不受控制。并且，被培育的不仅仅是未来的食物，还有饮食的身体。这就是为什么在试图重塑**行动**的时候，我从与饮食有关的情形中寻找灵感。然而，现在有一个复杂的问题。因为在我的领域里，"自主动作和自然过程之间的分裂"似乎十分顽固。它直接贯穿了"饮食"。在荷兰的公共卫生通告中（就像其他许多地方一样），吃（这种或那种食物）被设定为一种**选择**，而研究"饮食行为"的实验室则认为吃（这种或那种食物）都有特定的**原因**。在本章中，我不认为这两种编排中的一种比另一种更符合实际生活。相反，我将这两种情况与作为**任务**的吃（这种或那种食物）进行对比。任务并不只是发生了；它是需要去**行动**的事情。但这种**行动**不是被集中控制的行动，它也许最适于被称为**照护**，即协商、修补、尝试、再尝试。[6]

　　不断修补的照护推动着我的饮食实践。我认为它不仅仅是"我"个人的**行动**。当"我"进食的时候，饮食是由于其他人才能实现的，更重要的是，其中部分甚至是由其他人完成的。积极参与到我饮食中的团体，包括种植、运输或售卖我的食物的人们，也包括非人类，例如厨房的火，部分"消化"了食物。因此，"我"的进食表明了一种**行动**模型，它不仅避开了集中的控制，也背弃了个人主义。培育"我的身体"取决于培育诸多其他因素 / 行动者（f/actors）。这种饮食带来了什么？——这种饮食是为了什么？在 20 世纪哲学人类学理论建构的"人类"中，进食使得进食者拥有"生命之美"（vital goodness）[1]。生命力，活着，被认为是

---

[1] goodness 在英语中亦指养料、养分。——译者注

107

正常、**超重**和**肥胖**身体的 BMI（身体质量指数）标准。BMI 是一个人的体重（千克）除以其身高（米）的平方而得出的指标。它的意义一直受到严重争议，但它的使用仍然普遍而雷打不动。由于迄今为止所有的研究出版物都使用 BMI，它保留着参考依据的地位。然而，印度的一个专家委员会冒着风险，宣称可以进行历史和国际上的比较。他们认为，BMI 标准中正常、超重和肥胖的分界点对印度人的身体状况并不公平：比起别的地方，他们在相对较低的 BMI 指数下，仍有相同的患上代谢综合征的可能。因此，委员会降低了健康、超重和肥胖的 BMI 分界点。一天之内，数以百万计的人们发现自己被归入异常。

在孟买的一家医院，所罗门与负责照护超重或肥胖者的专业人员们坐在一起。治疗这些病人是很棘手的。没有安全

随后建立文化的自然前提。吃（和呼吸）使人能活下去，然后才能有最精彩的认知（梅洛-庞蒂）或政治讨论（阿伦特），或努力追求道德理想（如汉斯·约纳斯所论）。[7] 在他的《生物学哲学》一书中，约纳斯模仿不同生物之间的等级制度，提出了人类内部的等级制度。他明确，植物只寻求生存，这意味着它们会进行新陈代谢；动物除了新陈代谢之外，还会运动和移情；只有人类，在这些较低层次的活动之上，能够设想出"道德正当"。在约纳斯的体系中，进食是自然的，在进食的过程中，"人"类似于一株植物。我将再次调用一些用以对照的范例情境来思考。在这些情境中，进食并不只是为进食者提供"生命之美"，而是在不同种类的善和恶之间纠缠。那么，在相关的情境中，"我的"进食不**仅仅**是生与死的问题，而是悬置在不同的生与死

的方式之间。[8]

吃的任务

视情况不同，吃这种或那种食物往往被表述为一种"自主动作"或"自然过程"。在公共卫生通告中，第一种说法更受青睐；而在实验室研究中，更受青睐的则是后者。在本节中，我将举例说明这两者，然后呈现我在荷兰的诊所和厨房中遇到的饮食实例，在这些实例中，吃转而成为了一种**任务**。我将提到的"自主动作"的例子与医学社会学中分析的诸多公共卫生运动有类似之处，所以我在这里没有说什么新的东西。[9]与其说是添砖加瓦，我更像是把一个已经确立的观点与对**行动**的分析联系起来。作为当下公共卫生的一个例子，我引用了荷兰营养中心的网站，该网站旨在促进"消费者健康和可持续的选择"[10]。该中心建议人们食用某些食物，而不是其他一些食物，但它不将这种鼓动称为"鼓动"，而是称为"信息"。其想法是，如果"消费者们"能够获得"有科学依据的独立信息"，他们就会作出好的选择。[11]这就是"中心"能够做到的事。与食品行业大肆赞扬其食品非凡品质的广告资讯相比，冷冰冰的事实可能被当成受欢迎的解药。但是，这种事实不仅仅是事实性的。它们是为"健康"和（最近增加的）"可持续发展"的目标而生产出来的。

该网站用第二人称"**你**"称呼读者，进入了教导模式："为了保持身体的健康，你需要多样化的食物。如果你一直吃同样的食物，那么就很难摄取所有［你所需的］营养物质。"[12]为了解释有效的药能保证减肥，只有极少数人能通过节食变得更苗条。在孟买，锻炼身体说起来容易做起来难，因为温度高，空气污染严重，这本身就足以造成健康问题。手术似乎也令人失望。如果它真有效的话，人们永远也无法摆脱他们所渴望摆脱的严格的饮食限制。然而，在医院外，所罗门发现，与体重有关的问题似乎并不紧迫。他的邻居们更担心食品掺假的问题。酒精饮品被乙醇和其他廉价的、有可能致命的物质勾兑。奶粉中混有谷物粗粉；辣椒粉被磨粉碎的砖头污染。即使这不会导致任何人死亡，但仍然骇人听闻。人们对送到商店后当场为顾客称重的散装产品持怀疑态度：它太容易掺假了。包装好的食品似乎更值得信赖。但话说回来，塑料包装也有它自己的健康风险。因此，尽管公共卫生警告都集中在摄入过多热量的风险上，但在日

"多样化"的含义，该网站展示了一幅把食物分为5组的饼状图。它建议**你**每天从每一组中**选择**一些食物。这些类别对应营养学中所说的"营养素"。以第3组为例："这一组包括肉、肉制品、鱼、奶、乳制品、奶酪、蛋和肉类替代品。食用这些产品有助于你吸收必要的营养物质，如蛋白质、鱼类脂肪酸、铁、钙和B族维生素。"[13]如果你迫切希望或准备进一步调整"你的选择"，网站提供了更多营养信息，可以让你进行详细的膳食计算："平均而言，健康的人每天每千克体重需要0.8克蛋白质。这相当于一个70千克的人每天需要约56克蛋白质。"[14]如此等等。**你**可以学到，蛋白质是由氨基酸组成的，其中一些是必需的，必须以正确的组合摄入。

向**你**提供的所有这些信息表明，荷兰营养中心的专业

人员并不期望**你自发地**摄入适量的蛋白质。相反，所提供的事实
应该使你**有意识地**这样去做。他们应当让你有机会作出基于充分
信息的明智选择。这里所呼吁的是一个"自主行动者"，只要他 80
们——你——付出努力，就有可能对饮食进行精细的控制。该网
站借鉴了营养学家根据实验室测量被试而确立的关于身体需求的
事实。现在**你**可以运用这些事实，在你自己的身体之外，理性地
计算出**你**应该吃什么，就像你是你自己实验室的技术人员一样。

　　这条建议借鉴了关于"身体需求"的实验室研究，但是，也
有研究"饮食行为"的实验室。这些实验并非把"行为"设定为
基于选择的行动，而是将其设定为由某种原因引起的结果。然而，
能否发现"自然"中的因果关系链，取决于有没有能力在实验室
中将它们编排出来。自然科学家们在实验室里精心制造他们所研
究的"自然"。在科学技术研究中，这一点已经得到充分展现，所
以我再一次说明：我说的不是什么新东西。相反，我重申了这一
传统中几个突出的、与**行动**相关的片段。我的线索来自一个有趣
的研究小组发表的研究论文，该小组慷慨地允许我和我团队的两
名成员进入他们的实验室进行访谈和观察。[15]我引用了他们一篇文
章中的"材料和方法"部分，以准确和具体地呈现他们的研究实
践。我把这篇文章单独挑出来分析，并不表示我认为它不好，恰
恰相反，我非常欣赏它的独创性，它还以优雅的方式削弱了前面
围绕"食物选择"的公共卫生叙事。但这也并不意味着因果关系 81
故事像人们轻易认为的那样可概化。

　　《蛋白质状态引起食物摄入和食物偏好的补偿性变化》一文报
告了一项有关研究人员称之为"特定膳食对食物偏好的影响"的

常生活中，其他东西也需要关注："包裹着包装食品的塑料，以及辣椒粉中的砖粉（塑料包装应该能避免这种情况），使因食物而生病的意指不再简单。"（227）

在孟买，食物引起了不同种类的健康问题。但食物在当地的重要性远远超过了健康。所罗门以瓦达三明治（vada pav）为例说明了这一点。瓦达三明治是当地的一道美食，是"裹着鹰嘴豆的油炸辣土豆泥（vada），塞进一个略带甜味的软面包卷（pav）里"（69）。对公共卫生当局来说，瓦达三明治"是一个'杀手'，主要是因为它的高热量，只有停止消费它，才能阻止这种'杀戮'。肥胖者，尤其是肥胖儿童的形象，成为了许多关于瓦达三明治对孟买人带来风险的故事的基础"（71）。但这种风险不容易缓解，因为其他事情更重要。如果一所学校的食堂不再提供瓦

研究。其所涉及的问题是，膳食中缺少某种特定营养物质的人类，是否会像动物一样，在不知不觉中调整他们的饮食以弥补这种缺乏。而研究的重点是蛋白质。"本研究的目的是探索低蛋白状态与高蛋白状态相比对食物摄入和食物偏好的影响。"[16] 为了实现这个目标，在整整两个星期内，研究人员们精心控制被试的饮食。这些被试是大学生，他们知道研究的重点是营养物质，但他们不知道是哪些营养物质。他们承诺食用提供给他们的所有食物，除此之外不吃别的。在工作日，研究中心邀他们过来吃经过调整的热午餐，并领取餐盒。"带回家的餐盒包括晚餐和早餐两份带配菜的面包餐，以及饮料、水果和零食。星期五，被试收到的餐盒里面有整个周末的食物和饮料，还有这些食物的烹饪说明。"关键所在是：一半的被试被提供他们通常所需的**两**

倍的蛋白质，另一半只被给予通常所需的**一半**的蛋白质，而这两组人的总卡路里数是相同的。两周后，研究人员测试了蛋白质过量与蛋白质不足的影响。所有的被试都被送回家，带着一袋食物，这袋食物比他们本应在实验结束时吃的要多出很多。他们被要求想吃什么就吃什么，不要把剩余的食物分出去，而是把它送回实验室。研究人员们仔细测量了这些剩余的食物。结果是："在低蛋白饮食之后，蛋白质的摄入量比高蛋白饮食后自发地增加了13%，而总能量的摄入则没有什么不同。"

　　研究人员指出，这是一个有趣的发现：同小白鼠和其他早期研究中被研究过的动物一样，"低蛋白状态的人类"也会在有机会的时候自发储存蛋白质。因此，就像其他动物一样，人类不会对吃这种或那种食物作出"知情选择"；他们不会计算他们的"食物摄入量"，至少不一定会计算。因为在实验的情境中，研究人员已经进行了计算，而被试们则首先履行义务，吃研究人员提供的食物，随后才遵从他们自发的欲望，这些欲望与他们的身体需求一致。那么，在这里，吃这种或那种食物并未被设定为个体应该"控制"的行动，反而被编排成一个遵从"自然过程"的行为。

82

　　以上上演的两种理解饮食的方式是存在张力的。公共卫生信息鼓励人们在计算他们摄入的营养物质的基础上，作出负责任的"食物选择"。但为什么要这么做呢？如果一个人的"食物偏好"确实随着他的"蛋白质状态"而变化，那么试图用外部计算来控制这个精妙平衡的物理反馈系统，似乎是不明智的。**你**不妨按照你**觉得**自己身体需要的那样去做。

　　但这里要注意的是，"低蛋白状态"本身并不会导致"更多蛋达三明治，孩子们就会到外面的街上去买。如果膳食专家告诉客户，"想也别想"吃瓦达三明治，这些客户可能会回答说，到了傍晚五点，他们会有饥饿感，"忍不住去"吃这个。他们不认为营养师推荐的燕麦、膨化米和沙拉是正经的食物，更不用说对"有工作要做的人"而言。

瓦达三明治可以缓解饥饿感，而那些不那么受欢迎的食物则无法做到。但它的意义不止于此。所罗门讲述了瓦达三明治的历史。在印巴分治时期，吃面包裹香料土豆的习惯随着迁徙的印度教徒从信德（现巴基斯坦境内的一个城市）传播过来。在孟买，面团被裹在土豆周围，以便工厂的工人们在上班的火车上吃这种小吃。一旦工厂关闭，工人被解雇，他们就会尝试在街上卖瓦达三明治。在此基础上，湿婆神军党（Shiv Sena），"一个倡导讲

白质摄入"。这种所谓的"原因"和所谓的"结果"之间的关系取决于特定的可能性条件。在实验室里把这些条件编排好是一项艰巨的工作。[17]

首先，并不是每个人都能参加这项研究："我们招募了18—35岁身体健康、体重正常的被试。"为了说明这句话的实际含义，以下是**不能**参加的人："排除条件如下：正在控制饮食［荷兰饮食行为问卷：男性，得分2.25；女性，得分2.80］，缺乏食欲，过去两个月内采用限制能量膳食（energy-restricted diet），过去两个月内体重变化0.5公斤，患肠胃疾病、糖尿病、甲状腺疾病等内分泌疾病、流行心血管疾病，使用除避孕药以外的日常药物，吞咽/进食困难，对研究中使用的食物过敏，是素食者，以及正在怀孕或哺乳的女性。"

这个长长的名单表明，许多人没有被纳入研究范围，因此，研究结果对他们来说可能不成立。我们无法得知他们的情况如何，这些"非正常"的人（偏常者、病人、孕妇、哺乳期妇女、素食主义者）没有被包括在内。更重要的是，这项研究所创造的环境不容易在其他地方重新创造出来。文章中报告的"自发地增加13%的蛋白质摄入量"的另一个关键条件是部分食物含有蛋白质。实验室中被试们的"饮食行为"似乎是他们"蛋白质状态"的结果，这在很大程度上要归功于研究人员们为学生们免费提供所有的膳食。

在研究中心，食材被采购和计算，午餐被烹饪，带回家的餐盒被包装。文中材料和方法部分没有详细说明谁做了什么，但所有这些显然需要很大的工作量，而且也要花钱。一定有项目经费为其买单。被试们也积极参与其中。中午，他们到研究中心来吃午餐；晚上和早上，他们剥水果；打开装有火腿（高蛋白摄入组）或果酱（低蛋白摄入组）的餐盒，把这些东西放到餐盒中的面包片上。他们只吃提供给他们的食物。对于一些人（尤其是国际学生）来说，要在早餐和晚餐时都吃冷的三明治，可能是困难的。但是，总的来说，参与这个研究项目的学生过得还是很舒适的。在整整两个星期里，他们每天都能得到免费的食物，最后还有一个装着大量肉类的大袋子（素食者被排除在外，这大大简化了计算和备餐的过程）。

对于它所研究的现实，实验室研究突出了某些特定方面，并模糊处理了其他方面。研究人员在研究健康的志愿者如何回应蛋白质摄入缺乏时，并没有对那些不符合他们"纳入标准"的人进马拉地语的印度人权利的地区性政治运动",试图将瓦达三明治变成印度孟买归属感的标志（69）。湿婆神军党为卖家提供了涂有该党特有颜色的摊位，并组织比赛，以确定这些摊位上的卖家将提供哪种配方的三明治。当警察和市政官员决定限制非正规经济并开始驱赶瓦达三明治卖家时，湿婆神军党提供了保护，但这不是免费的："开始时每天只要几卢比，但随着时间的推移，街头小贩每周会欠下数百甚至数千卢比的债务。"（81）所罗门还讲述了那些设法远离政治的街头小贩，和他们随之而来的债务。他们都使用自己的香料组合和制备技术，所以每个摊位的瓦达三明治味道都不同。与所罗门交谈的所有卖家都为自己的谋生能力感到自豪。一些人试图大量生产瓦达三明治，以赚取更多的现金。这并不容易。正如一个曾试图大规模生产瓦达三明

行了解。他们可以对这些人进行研究，逐个研究偏常群体，但这需要一系列不同的研究设置和更多的经费资助。研究人员们显然知道这一点。这就是为什么他们在"材料和方法"部分阐明了在他们的实验室中编排的种种条件。这些受控变量可能被列为"进一步研究"的主题。然而，当"事实"变得概化，其移动不再需要它们所依赖的"方法"时，这些规范往往会消失。称某件事情为"自然过程"表明它**没有被完成**，它仅仅是发生了；但这掩盖了使它发生而**要做**的事情。在这个案例中，它抹去了实验室研究人员、技术人员、厨师以及作为食客参与研究的学生们所做的大量辛勤工作。[18]

只要在受控的实验室环境之外进行少量的田野调研就可以发现，人们在野外吃什么和不吃什么，不仅仅取决于他们的"蛋白质状态"。吃取决于有

什么食物。但即使有足够的食物，身体需要蛋白质的人也不一定会自发地食用这些食物。

丽塔·斯特鲁坎普（Rita Struhkamp）在荷兰的一家康复诊所进行田野调研。在她的一篇文章中，她写到了对"弗雷德"的照顾。他是一位脊髓受损的年轻人。弗雷德随时都有东西吃，但他却没有吃东西的欲望。他营养不良，这使他皮肤上也生出了疮。[19]当丽塔遇到他时，他几乎没有任何皮下脂肪，他的坐骨直接压到皮肤上，皮肤也无法再生了。在与他的医生海伦交谈时，弗雷德说："我知道我应该好好吃饭，但问题是他们在中午就供应晚餐。你看，我不喜欢在一天中午就吃热饭！然后是下午5点的三明治，这也太早了。我在那个时候不觉得饿。"弗雷德想要更有利于调适的环境。"'在家里就容易多了，'他继续说，'在家里，我想吃就吃。'"海伦便问他在家里会吃什么。"'比萨。'他迅速地回答。海伦笑着建议弗雷德去咨询一下营养师，但弗雷德并不怎么着急：'哦，她会给我这些可怕的营养酸奶，我真的很讨厌它们。它们简直令人作呕，使我反胃。我不会喝它们的！'"[20]

这告诉我们，缺乏蛋白质的人们**一般**不会囤积蛋白质。但我们中有些人会这样囤积，例如上述研究中的那些"正常进食者"。但是，如果进食在任何时候、任何地方都是一个"自然过程"，一个遵循内在提示的行为，那么弗雷德就会吃得很好，因为他的身体非常需要它[21]。那我们应当怎么看待他没有这么做的事实？也许我们可以找出他哪些内部反馈过程出了问题，以及弗雷德是如何失去食欲的。然而，在诊所里，既没有时间，也没有金钱来做这治的人所说，"'对于街头食品，即使是素食，那些细菌也会给食物带来非素食的口味，这种口味是厨师无法做出来的。'那么，挑战就是在不牺牲口味的情况下，对受到细菌感染的街道的混乱加以控制"（91）。所罗门强调说，食物不仅仅有关健康。它包含或多或少的复杂历史，有或多或少的诱人口味、花费或可能的金钱来源。此外，吃与其说是在热量方面，不如说是在与**这种**或**那种**食物打交道时，构成了一种生活方式，提供了一种归属感，并为食客提供一种深刻的满足感。

件事。更重要的是，这样的深究不太可能提出其他的治疗方法，只是以这样或那样的方式帮助弗雷德多吃点而已。那该怎么办呢？告诉弗雷德要作出更好的选择是行不通的。诊所的专业人员早已知道，劝告人们控制自己是不可能改善情况的。因此，在他所处的诊疗环境中，弗雷德的饮食既非由原因产生的结果，也不是一个主动选择的结果。相反，它的突出之处是，它是一项必须以某种方式完成的**任务**。

与这项任务有关的问题是如何完成它。谁，可以做什么，来解决眼前的问题？营养师可能会开出强化酸奶，但可惜的是，这行不通，因为弗雷德坚持认为它们很恶心。那么，如果弗雷德不能接受热腾腾的午餐，也许可以让他使用微波炉，这样他就可以在他想吃的时候再加热他的饭菜。或者允许他订比萨呢？等等。[22] 在诊所里，在与弗雷德的交谈中，斯特鲁坎普也提到过，专业人员试图确定弗雷德在何种条件下能够完成饮食任务，包括摄入蛋白质——这是修复他的皮肤所必需的。

以下是对理论的启示。在像弗雷德这样的情形中，**吃**既不是一个自主控制的事情，也不是因果链中的一部分。它是一项难以实现的任务。但通过创造适当的环境，并在其他人的支持下，这项任务是可以完成的。以这种方式进行的**行动**并不受限于一个选择的时刻，也不像因果链那样是线性的。相反，它是一种照护，进行迭代、适应、修补的那种照护。

在上文引用的实验室研究中，"被试"被提供了食物；在诊所里，弗雷德也是如此。同样，在荷兰营养中心的网站上，**你被鼓励选择**健康和可持续的食物，就好像这些食物是轻易可以

扰　动

在《肥胖症的重量：战后危地马拉的饥荒和全球健康》（*The Weight of Obesity: Hunger and Global Health in Postwar Guatemala*）一书中，艾米丽·耶茨-多尔（Emily Yates-Doerr）探讨了面向全球的健康专家与危地马拉西部高地塞拉（Xela）市及其周边地区与食物有关的传统之间的相互干扰。在危地马拉，就像在孟买一样，"代谢综合征"的发病率近来有所升高。然而，这并不意味着没有饥荒了。驻危地马拉的公共卫生研究人员发现，体重过重和饥饿并不是简单的对立关系。它们是相关的。首先，早年营养不足的人（如幼童或仍在母亲肚中时），在以后的人生中超重的风险会增加。更重要的是，一

86

得到的，并欣然等待你去选择。这就跳过了许多其他情形中突出存在的问题，比如去哪里购买食物，如何支付，如何找到时间、技能和设备来烹饪食物，等等。信息被提供给你，就好像你和吃好喝好之间的障碍仅仅在于缺乏信息。[23] 然而，在许多日常生活的情境中，还有很多别的事情发生着。这在贫困的情况下是很明显的，我们可以看看有关贫民窟居民、战争受害者、难民和其他由于缺钱或缺物资而难以吃到"健康食品"的人的研究。[24] 但即使是荷兰营养中心所面向的福利国家的居民，也不只是简单地"选择"食物。他们为之努力。他们中的一些人处在恶劣的环境下，克服重重困难，但即使是对那些有着很高的薪水、很容易获得信息、供应充足的食品商店近在咫尺的人们来说，吃东西也是一项突出的**任务**。不论如何，都有很多事情要**做**。[25]

　　就拿一个春日来说，那天我做了一个菠菜蛋饼。我有剩余的土豆；超市里卖的菠菜看起来特别吸引人；我知道我晚餐的客人会喜欢这个蛋饼；我以前做过。所有这些都可能是我在那一天做那道菜的原因，但在彼时，这个**为什么**的问题并不那么突出。**如何**做的问题占了上风：拿出砧板和刀，把土豆切成块，把这些放在锅里，用橄榄油炒，加入孜然、胡椒和盐。根据它包装袋上的标签，菠菜已经"在冰水中洗过三次"。幸运的是，我不必做**这**一步了。我在另一个锅里把菠菜炒至略干，把它放在滤网中，把液体挤出来，随后把它转移到砧板上，切碎它。在一个大碗里，我打了三个鸡蛋，足够把蔬菜黏在一起，加入一些盐和胡椒粉；最后加入切好的菠菜，把得到的混合物倒入平底锅，加上现炸的土豆（期间我搅拌了几次）。我把锅下的火调低，给我的煎饼一些安静的烹饪时间。

你现在大致了解了。以这种方式描述，**我**不是一个需要信息去作出决定的人。她也没有被隐藏的原因所推动。相反，她正在做晚餐。为此，她需要金钱、时间、技能、食材、厨房设备等等。这些都与她一道，但她仍然需要努力地将它们整合起来。因此，把我吃菠菜蛋饼说成是一种选择或一种自然倾向，就把从构想今天的饭菜到把它准备好的一切努力置之一旁了。[26]

西方的哲学传统认为，人类在"自主意志"和"自然过程"之间悬置，"自主意志"激发行动，而"自然过程"是支撑行动的基础。但是在上文的诊所和厨房中发生的事表明了另一种**行动**模型。因为在这类情境下，吃这种或那种食物**主要**不是选择的结果，**一般**也不是某个动因的结果。在我刚才

个人即便摄入了大量的卡路里，仍可能营养不良。"营养不良的'双重负担'的基本前提是，在拥有丰富的加工食品的环境中，人们会消耗大量的常量营养素（脂类、蛋白质和碳水化合物），同时却消耗不足的微量营养素（维生素和矿物质），导致同一人群、同一家庭，甚至同一身体内普遍同时存在着营养过剩和营养不足。"（44）但应该怎么做呢？在全球卫生会议的大厅里，这些令人不安的数字被展示给所有人看，答案似乎很明显：要改变这些数字。要降低主食和脂肪的摄入量，增加人们水果和蔬菜的摄入量，并通过一切方式鼓励锻炼。但是开关和控制器在哪里？在用以装饰科学论文的机械或控制论图片上，它们很容易被指出来。如果你按下这个箭头，那个方框内的东西就会变化。但在复杂日常生活的混乱现实中，事情并不那么简单。

87

介绍的这些情形中，吃是一项**任务**。完成这项任务需要时间和努力。它所涉及的**行动**是反复，是一种探索性的、迂回曲折的行动。如果微波炉不能帮助弗雷德更好地吃东西，也许订比萨就可以。反之亦然，如果我发现没有橄榄油了，我可能会用黄油来煎我的土豆。我可以不用新鲜的菠菜，而用冷冻的菠菜。如果我的客人没有出现，我可能会在第二天吃掉剩下的煎饼。适应构成了各种照护式**行动**的标志。[27]

88 　　以下是理论的启示。**行动**不需要是决定性的意志和因果决定之间的一者，也不需要是动作和行为之间的一者。它也可以被设定为一项**任务**：它是意志性和反馈性的，是创造性和适应性的，它与欲望融合，与环境适应。用这种在诊所和厨房里（可能还有其他地方）出现的**行动**模型来思考，是很有趣的。[28]

分散的行动

　　在西方哲学传统中，"自然过程"就是自然地发生了，而"自主行动者"对他们的行为施以控制。在这种二分法中，没有主动选择不做、**释放**（letting go）的位置。

　　S 在为治疗长期便秘的诊所中做过田野调研。这些患者很难进行排便，因为他们觉得排便是一件很不体面的事情。除了在家中，他们不想在任何地方排便，唯恐别人会闻到他们的粪便；或者因为太忙，他们总是错过机会。在某些时候，排便可能会对他们造成伤害，而现在粪便已经变硬，他们预料会更加痛苦。他们很紧张。S从田野点回来后，给我讲述了医生提供的松弛肛门肌肉的药物。这些药物保证了快速缓解便秘，但几天后便秘往往会复发。催眠治疗师则会采用不同的方式。她不会用药物控制肛门的收缩，而是靠培养人们的想象力。为了唤起便意，她鼓励一位常进行国际差旅的商人想象一座机场，登机手续、边境管制和行李管制都很轻易地通过了。而对一个小男孩，她暗示他肠子里的东西就像快速移动的赛车。[29]

释放可能很难**做**到。人们无法在健身房里训练它，但它仍然是一种可习得的技能。催眠治疗师鼓励她的客户们以不同的方式"居住在身体里"，不那么用力，**少点控制**，更顺其自然一些。这要比西方式的"行动者"轻松得多，而后者是以古希腊"自由民"愿景为榜样的（栗山如是说）。这些"自

耶茨-多尔在塞拉及其周边地区与各种不同的家庭生活在一起。她与这些家庭的妇女一起去市场，与她们和她们的朋友交谈，并在提供营养方面建议的课堂和诊所旁听。就这样，她了解到，在塞拉，用各种数字来看待生活会带来混乱。首先，这与数字本身的杂乱有关。在某一刻，人们得知他们的BMI指数太高；在另一刻，他们被警告要注意自己的体重。专业人士给出了这些数字，但BMI和体重是不同的数字。体重有时用美国式的磅表示，有时用西班牙式的千克表示，这取决于捐赠体重秤的国家。即使体重秤使用相同的单位，它们也可能代表不同的东西，因为它们的校准很差。使事情变得更令人困惑的是，在当地，大家不理解将身体称重，也不理解将称重结果与个人食物摄入量联系起来的想法。这是一种陌生的、令人不舒服的新做

由民"能够保持他们的力量是有原因的：如果一座希腊城邦战败，居民就会有麻烦，"妇女和奴隶"将被移交给新的主人，而"自由民"则将不再自由。即便不被杀死，他们也将被胜利者奴役。通过训练他们的肌肉，"自由民"希望能避免这种命运。他们不想被奴役，因此试图捍卫自己的独立。然而，在**释放**时，人们会失去警惕，哪怕只是部分地放松警惕的一瞬间。这种脆弱性是可怕的，而这也不仅仅是对"自由民"而言。摆脱束缚的想象可以帮助身体放松括约肌，因此也可以帮助**释放**。

在一个关于身体运动复杂性的研讨会上，S（另一个 S）针对芭蕾舞者的训练作了出色的分析。[30] 在讨论中，H 谈到了一些通常藏在幕后的事情：小便。在表演过程中，舞者必须保持骨盆底的肌肉紧紧收缩；之后，她们很难迅速放松这些肌肉来排尿，很难去释放。H 说，她所参加的舞蹈课的特点是长时间的艰苦练习和极短的休息时间。在这些休息时间里，那些想要排空膀胱的人都会坐在一个个马桶上。厕所间的隔墙顶部和底部都是开放的。在相当长的一段时间内，厕所一片寂静：没有人小便。一个人都没有。没有人能够做到这件事；没有人能够释放。这让人十分不安，因为很快就要回到课堂。然后，终于，巨大的飞溅声宣布着至少有一个人放松了。这种释放的声音很快就会被周围的飞溅声所取代。解脱了。

舞蹈可以被理解为以熟练而协调的方式运动。这个故事表明，**释放**和舞蹈一样，有其自身的编排，当与人共享时，可能更容易**做**到。[31] 在大多数情形下，大小便都是单独完成的，而人们聚集在一起往往是为了吃饭。[32] 但是，半开放的厕所揭示了**行动**并不囿于大脑和肌肉的二元体，而是以各种形式出现，并可能在集体中共享。

在过去的几十年间，被梅洛-庞蒂带回现实并置于"身体"之中的**思考**，又从那里分散开去。阿尔瓦·诺埃的《头脑之外》[33] 一书阐明，**认知**不是个体的，而是**分布式**的。诺埃的副标题清楚地概括了他的目的：为什么你不是你的大脑，以及意识生物学视角的其他启示。他的论点是针对那些认为思考是由人脑成就的神经科学家。诺埃断言，事实并非如此，由脑电图记录的大脑活动和由大脑扫描呈现的彩绘图不应被误认为是意识的终极标志。思考涉及更多的东西。它在很大程度上取决于先于个体言说者存在的语言汇辑，取决于外部要求和挑战，取决于物质环境

法。"对于她们［老年基切妇女］来说，进行节食的身体、调节体重的自己是不**熟悉**的，家庭里没有这样的操作。我认为，当涉及吃的时候，她们的身体并不是受到约束的身体（个人、社会或其他）。食物在历史上是公共的，其供应受到环境和备餐实践的制约。人们对其个人消费模式的控制不亚于对其体形的控制。服装很重要，头发和其他身体上的展示也很重要。但是，对自己血肉之躯有所有权、继而产生'我的体重'（mi peso）这种说法对她们来说是没有意义的，因为它没有自我价值和自我控制方面的更广泛的意义（102—103）。"

在当地，肥胖曾经是健康的标志。许多人至今依然如此认为。但是，如果年长的妇女认为建议每个人应该吃什么的那些准则没有任何价值，那么对她们的女儿来说，这似乎正在改变，"她们被教导说，她们的身体是

和它们的可供性。然后才有了思考。为了强调他所坚持的观点，诺埃敦促我们放弃以下观点："我们可以试想为一种类似'胃液'的意识概念——意识发生在头部，就像消化发生在胃里一样。"[34]因此，当诺埃坚持认为思考是分散的，消化成为了他学说的对立论点："如果我们要理解意识——我们思考和感受，世界向我们呈现——我们需要背弃传统的假设，即意识是发生在我们内部的东西，就像消化一样。现在我们很清楚，以前从未这样清楚，意识，就像即兴音乐一样，是在行动中实现的，由我们来实现，这要归功于我们身处在周围的世界之中并和它接触。我们在这个世界中，也是这个世界的一部分。"[35]

　　但是，如果思考是分散的，那么消化事实上是"发生在我们内部的东西"吗？生理学教科书及普及书确实展示了这类图片：消化发生在皮肤下面。这些图片是对口腔、胃和肠道中工作的消化酶进行研究的结果。这项研究的一部分是通过手术打开狗的身体，一部分是通过一个人，由于战争的创伤，他的胃和身体表面之间有一条长期存在的瘘管，这使得研究者们能够直接了解到他胃肠道内的情况。[36]近来，通过鼻子和肛门插入的细管使我们能够获得更加细微的认识。看起来，即使在我的皮肤下，"我"也并不孤单：一场盛大的微生物盛宴正在我体内进行着。栖息在我肠子里的微小生物体吃着我吃下的东西，留下它们的最终产物，然后由我吸收或排出。然而，当诺埃急于说服他的读者们相信思维的分散式特征时，他用消化作为对立论点，他自己也很快就被生理学的想象所诱导了。他停下来想一想就会意识到，当涉及发生的位置时，思考和消化是非常相似的。因为消化的确在皮肤下发生着，但不**仅仅**在那里。和思考类似，消化也发生在其他地方，在

91

肠子之外。

再拿我的菠菜蛋饼来说。它的消化早在我吞下它之前就开始了。当我切菠菜时，我的刀把它的叶子切成了更小的碎片，这使得它们更容易被我的消化酶和栖息在我体内的微生物所接触。煎锅下的热量为我消化菜肴中的各种食材贡献了更多。生土豆是不好的食物：人类的肠道（包括其中的微生物）无法将其分解并吸收其中的营养。菠菜我本可能会生吃，而我在煎饼中给每人份放了200克菠菜，它们在被煮好缩小之前看起来量大得十分惊人。此外，生吃提供的营养比煮熟吃要少，就像人们也可以啜饮生鸡蛋，但不如煎蛋饼中凝固的鸡蛋更有营养。那么，正如烹饪书中欣然提及的那样，烹饪是一种体外消化的形式。[37]在进食的身体外做的事，会影响到之后在体内发生的事。甚至添加孜然也是一个例子：这被

她们的，她们重视自己的责任"（103）。但是对女儿们来说，要承担起"她们的身体"这一责任并不容易。在诊所和课堂上，她们得到了经过简化的"营养"知识。简化的目的是为了提供帮助，但似乎造成了困惑。例如，孩子们被告知，水果和蔬菜是好东西，"因为它们能让你成长"。由此，一位被告知应当减肥的母亲得出结论，她应该避免吃"能让人成长"的蔬菜。在一间咨询室里，耶茨-多尔作了以下记录（N代表营养师，P代表被专业人士称为病人的人）："N：要避免吃甜菜和胡萝卜。P：这些我不能吃？N：不行，因为它们很甜。不能吃甜菜和胡萝卜。它们不好。P：土豆也是？N：不能吃土豆。也不能吃意大利面。"（74）带着这一连串的禁令生活是很困难的，而且这样做也不能减轻使人们来到诊所求助的头晕或脚底刺痛症状。同时，营养学家为了希望能鼓励人们遵守规定，提出

92

广泛认为是一种消化辅助剂。

这个故事很简单，可以说很平淡，但它是有意义的。[38]生理学称之为"消化"的工作，部分是在"我的肠子"里完成的，但也有一部分发生在其他地方。就像人类的意识分散于头脑之外，人类的消化也分散在胃肠道之外。正如诺埃的警句所言，**我们在这个世界上，也是这个世界的一部分**。如果消化发生在我切菜和做饭的厨房里，它同样也在其他的地方和情形下进行着。

在一个夏日的星期六，L 和我参加了一个关于早期谷物品种[1]的研讨会。这不算是田野调研，因为我们只是在听故事，不涉及我们的信息提供者们。但即便如此，我们还是学到了很多。我们主要从负责该讲习班的面包师 R 那里学到这些。他告诉听众，超市里的面包烤得很快，酵母要在一个小时内发酵谷物。但在他的面包店里，他给酵母一整晚的时间来发酵面团。这使面包更容易被消化，因为它给了微生物更多时间进行消化工作。他的面包在烤箱里的时间也更长，在那里，它从一个黏稠的、不可食用的团状物转变为松脆透气的面包，变得更加美味，也更加有营养。R 告诉我们，黑麦对胃负担相对较重，小麦则较轻。"而且不同种类的小麦之间也有很大的差异，"他补充说，"有些比其他种类更容易消化。"

R 在讲话中提到了与消化有关的一些场所，不是所有人"自

---

[1] 原文为 old grains，是一个市场分类术语，用来描述在人类数千年品种选育中变化最小的那些谷物品种。它们被宣传为更有营养，但也有营养学家对此表示质疑。——译者注

然"经历的消化，而是吃他家面包的特定的人的消化。他们的消化发生在酵母微生物为他们的面包进行发酵的盘子里，以及烘烤面包的烤箱里。但他们的消化也发生在几代农民的田地和棚子里，后者播种了越来越容易消化的谷物，而不是对胃负担重的谷物。因此，消化涉及的**行动**在空间上是分散的，分散在有益的微生物和厨房工具之间，在时间上也是延伸的，可以追溯到几个世纪前，当时农民对作物进行调整，使**我的**肠道更加轻松。

正如我们之前了解到的，**吃**提供了一种**存在**的模型，在这种模型中，**我**并没有严格清晰的边界。我把曾经是我周围环境一部分的物质纳入自身，而把剩余的东西排出体外，直到它们不再是我的一部分。现在，我们了解到，**吃**也提供了一种超越我的皮肤的**行动**模型。因为消化所涉及的**行动**是共享的。看到我锅下的

了夸大的承诺。"N：所以我们要喝的是两汤匙干燕麦片。P：好的。N：这样做非常好，能把你身体里的脂肪全部带走。P：太好了，医生。"（74）或者还有更具野心的说法："如果我们吃得好，我们就不会生病了。"（75）

各种与当地密切相关的问题，都消失在对食物**好**与**坏**一刀切的分类当中。在诊所里，没有人问妇女如何找到时间买菜做饭，如何管理支出，她们的技能是什么，她们为谁做饭，家里最喜爱哪些菜肴。在城市扩张的今日，通勤的上班族无法在午休时间回家吃饭，这些问题不会被提及。如果工作地点附近的餐馆还算负担得起的话，所提供的饭菜总是充满脂肪和大量的糖。还有更多令人痛苦的悖论。例如，营养师们告诉他们的病人，吃水果和蔬菜是健康的。但热量并不是对健康唯一的威胁。"塞拉周边社区里的蔬菜出口市场，为了满足国际上对健康产品的需求而扩

93

火焰了吗？它正在为我消化。而我的消化任务也得到了几代农民的帮助，他们挑选了为我所食的农作物。[39]

以下是理论上的启示。**行动**不一定围绕一个具身的个体。它也可以分散在一个延伸的、散布在历史中的、社会物质的集合当中。

在这一点上，我想岔开话题。如果分散的消化工作造就了**我**，它也可能造就了**人类**。这是理查德·兰厄姆提出的论点。他声称，通过烹饪，早期人类将大量的消化工作从他们的体内转移到烹饪的火堆中。他说，这使他们的肠子缩短了，而使大脑成长了。人类的大脑随着烹饪技术的改进而不断成长——从把食物放在热灰里，到烘烤，到把食物埋在热煤堆里的沙子中，到使用地灶；从把食物包在树叶里，到使用容器，首先是植物材料，然后是陶器，最后是金属容器。"尽管用火这一突破是烹饪方面的最大飞跃，但随后发现的、更好的准备食物的方法将导致消化效率的不断提高，为大脑的成长留有更多的能量。"[40] 我们刚刚看到，诺埃认为，人类的意识是分散在大脑之外的。兰厄姆则断言，在千年的时间里，烹饪技术使人类有了更多的大脑能量。综合来看，这两位作者的论点可以被解读为，在烹饪的过程中，消化和思考交织在一起。看到我锅下的火焰了吗？那火焰把我的煎蛋饼从食材转化成了食物。它既是**我**思考的一部分，也是**我**饮食的一部分。

以下是对**行动**的启示。吃提供了一个模型，根据这个模型，**行动**摆脱了意志中心的控制，并在空间和时间中分散开来。行动

94

中的**我**不是单独行动着，而是分散在个体身体的皮肤外壁之外。她在这里，也在那里；她是彼时，也是此时；她是这个，也是那个。而如果**我**完全禁食，在一段时间后，我将不再能够做任何事，这种特殊的**行动**也产生了它自己发生的可能性条件。

生与死的方式

意志选择和**自然过程**之间的对立可能一直盘桓在"西方传统"中，但作为"任务"的进食摆脱了它。哲学人类学家汉斯·约纳斯没有使用**任务**这个词，但他也把吃作为一种活动，作为有机生物体参与和**做**的事情。在他1966年出版的《生命的现象：走向哲学生物学》一书中，约纳斯关注了三组有机体：植物、动物和人类。植物在等级制度中最低，能够从事新陈代谢活动。约纳斯坚

大，既要依赖进口的种子，又要依赖种植用的进口合成杀虫剂。妇女们害怕这些杀虫剂，通常会在外出购物时为她们的孩子购买包装好的薯片和糖果。她们对我说，'死亡的化学物质'已经进入了她们的食物，并告诫我不要从那些头巾标明来自阿尔莫隆加（Almolonga）的妇女那里购买，阿尔莫隆加是一个区域出口中心，离塞拉市中心只有几公里远。那些蔬菜是不值得信任的。"（44）全球公共卫生专家对超重、肥胖和代谢综合征的增加感到担忧，这是有道理的。但是耶茨-多尔指出，由他们的专业知识指导而产生的规则，和当地复杂的食物实践之间存在着张力。由于这些张力，这些规则产生了不可预见的不利影响。

持认为新陈代谢的确是一项**活动**。它没有像自然科学似乎错误假定的那样被卷入因果过程中。新陈代谢不是一个事实，而是一种行为。进食需要有机体聚集它们的能量和能力；这是它们可能**做**，也可能**做不了**的事。然而，约纳斯断言，放弃新陈代谢活动是有代价的。"它［有机体］可以停止它正在做的事，但如果要这么做，就必须停止它的存在本身。"[41]

在约纳斯的描述中，进食不仅仅是有机体主动**做**的；它还使有机体转向外部，转向其周围的环境。"为了改变物质，生命体必须有可供其支配的物质，而它在自身之外，在外来的'世界'中找到了这些物质。因此，生命在一种依赖性和可能性间特有的关联性中向外、向世界转向。"[42]这里没有独立的个体：进食者依赖于被食用的东西。同时，约纳斯坚持认为，对于不同种类的有机体来说，吃有着不同的意义。植物从空气中获取碳和氧，从阳光中获取并储存能量，并从它们扎根的土地中吸收矿物质。动物也要呼吸，但它们的能量和基石都依赖于其他生物，依赖于植物或其他动物。"动物以现有的生命为食，不断地破坏其生死供应，从而不得不到其他地方去寻找更多的食物。"[43]由于动物在进食的过程中破坏了食物，它们不得不四处寻找新的食物。为了帮助它们寻觅，动物有感觉器官，能借此知觉周围的环境，这使它们能在空间中确定自己的方向并找到食物来源。此外，约纳斯写道，动物也有情感，例如它们可以同情其他动物的痛苦。这使它们能够进行合作。所有这些都使动物**高于**植物："三个特征将动物与植物生命区分开来：运动性、知觉、情感。"[44]自1966年该书出版以来，这些区分都逐渐被修正了，但约纳斯把它们说成是显而易见的。[45]他认为，这些区分与植物和动物间新陈代谢方式的差异有关。

最后是"人类"，进化的顶点。在约纳斯的哲学生物学中，人类在进食方面与植物类似，与动物（他**没有**写成"其他动物"）在移动、知觉周围的世界和同情他者方面类似。在此基础上，"人"还有更多的特征："极度关注他是什么、他如何生活、他如何实现自我，从与他有距离的渴望、追求和认可来看待自己。这样的人，仅仅是人，也就有可能绝望。"[46]"人"关注规范性，这些关注超越了生与死，超越了身体的快乐和痛苦，也超越了同情。它们与正确和错误有关。约纳斯在20世纪60年代时写道，自己痛苦地意识到，世界不会轻易地向人的"渴望、追求和认可"折腰。在30年代，他曾逃离纳粹德国，当他后来作为英国军队犹太旅成员回到那里时，他发现他的母亲在奥斯威辛集中营被杀害了。[47]我不想说我对极度复杂的生活现实的区区两句话总结能够直接转化为哲学结论，但约纳斯所处的历史背景对他的写作至关重要。这引导他竭力逃避犬儒主义，使他对邪恶将被打倒抱有顽强希望。它为他的坚持提供了深度，即人，除了活着，还有更高的目标，或者正如劳伦斯·沃格尔在《生命的现象》2001年英文版序言中对约纳斯的生物哲学总结时所说："人类的演化标志着自然界中从生命之美到道德正当、从欲望到责任的过渡。"[48]

然而，在当下的历史时刻，这种进化的分层不再有类似的意义。因为如果说在萦绕着约纳斯的死亡营中，数百万人的生命被突然终止，那么现在我们面临着地球上所有生命都可能被消灭的危机。受到威胁的不是"人"，而是"新陈代谢"。可悲的是，在理论上提高**吃**的地位对避免这种情况不会有什么作用。然而，在寻求避免犬儒主义的过程中（这是约纳斯的呼吁，要坚持下去！），

96

它可能有助于使我们的术语适应当下的时代。[49] 正是在这种语境下，我想强调，当**我**吃东西时，这不是"人类中的植物性"的活动。我的饮食并不是一种其上还可能有一层伦理承诺的自然的、确保生命的努力。相反，我的饮食早已被技术和社会因素介入。它涉及农业、分销网络、技能、设备、商店和金钱：简而言之，它是一个发散的社会物质集合的努力。此外，虽然吃可能会对我的"生命之美"作出贡献，但也可以破坏它。

烹饪正餐后的部分"体外消化"可能会让我得到更好的营养，然而过犹不及。或者用一位专家的话说："现在人们普遍承认，当前肥胖症和相关慢性病的流行的重要成因之一是对包括预制食品在内的方便食品消费的增加。然而，在有关食品、营养和健康的教育和信息中，以及在公共卫生政策中，食品加工的问题在很大程度上被忽视或最小化了"。[50]

如果做菠菜煎饼或烘烤面包部分地替我完成了食物消化，那么过多的加工则使人类的肠道太容易吸收营养物质，穿过其肠道壁。因此，它可能会促成"当前的肥胖症和相关慢性病的流行"。这里不存在简单的因果关联；一切都是视情况的。在某些情况下，超加工食品（ultraprocessed foods）可能是好东西，至少比被福尔马林或杀虫剂污染过的食品好，也比饥肠辘辘好。[51] 此外，如果超加工食品导致超重和肥胖，这不仅仅是因为它们是超加工的。它们往往是以零食的形式出现，而不是正餐；它们还通过大量的广告，或者通过含有令人上瘾的过量糖分来吸引人们。无论如何，现在的重点是，我的**吃**不是一种自然的活动，而是一种培育而来的活动。它不一定为我的生活服务，它也可能加速我的死亡。[52]

更重要的是，生与死，健康与疾病，并不是与吃有关的唯一
突出的规范。在我的吃所悬置于的延展的网络中，还有更多的好
与坏在起着作用。这些都可能处于紧张状态。为了说明这一点，
我回到谷物研讨会，其中的例子相对琐碎，但却具有合适的象征
意义。

某一刻，我们被邀请来品尝。用 R 刚才提到的各种谷物烤制
的小块面包被传来传去。我开启了探索模式，把它们都尝了一遍。
R 告诉我们，许多得避免食用麸质（一种蛋白质，主要存在于小
麦中，被怀疑会伤到肚子）的人完全可以吃他的面包。他说，这
是由于他的酵母中的微生物有很长时间能够分解麸质。更重要的
是，R 使用较早的小麦种类。较新的小麦种类筛选出的是麸质含
量较高的品种，因为麸质像一种胶水，有助于将菜肴中的各种食
材黏在一起。R 断言，这种选择可能造成了近年来麸质过敏人数
的增加。

那么在这里，我们遇到了一个冲突。它可以被看作是不同利
益之间的冲突：对**你**来说，麸质可能是好的，但对**我**来说，它却
不是。然而，它也可以被描述为不同**好处**之间的冲突：对于**黏结**
来说，麸质很重要，但对于**消化**来说（尤其是对于某些人的消化
来说），它却不是。如果**好处**被提出来、进行比较，它们往往会呈
现出张力。

我们可以品尝到用斯佩耳特小麦烤制的面包和用埃默尔小麦

烤制的面包，这两种是小麦的"前辈"。斯佩耳特小麦那片还不错——但它无法与埃默尔面包相比。哇，多么美妙的味道啊！我问为什么斯佩耳特小麦最近在荷兰开始流行，而埃默尔小麦却无处可寻？它的口味好得多！R对我的热情报以微笑，并解释说，埃默尔小麦的**口味**可能更好，但它的**产量**很少，而且不稳定。在最好的条件下，它的收成也不多，如果天气不配合，可能根本没有收成。种植埃默尔小麦是冒险的。

在这里，食物的**愉悦**与食物的**安全**产生了冲突。埃默尔小麦可能会给我带来巨大的感官满足，但在·两块实验田以外大规模植埃默尔小麦，对农民和我来说，风险都太大。同样，我的生活也不是没它就不行。所有这些都说明，"我的饮食"并不完全是"人类"之中类似植物的一层新陈代谢活动，而是一个复杂的社会-物质成就。这不是一个**生**与**死**的问题，而是不同的**生活方式**：带着饥饿生活，或是带着超重的体重生活；糊弄地做饭，却要忍受肠道的疼痛；错失了感觉上的愉悦，却可以享受食物的安全。**吃**并不只是"人"终极的"渴望、追求和认可"的前提条件。它总是已处于一个复杂的规范性力场之中。

以下是理论上的启示。**行动**不是简单的非好即坏。它可能对某些人是好的，对其他人是坏的，或者在某些方面是好的，在别的方面是坏的。**务实**和**有效**这样的词总需要被限定：与什么目标有关？即使是吃，也不是简单的维系生命，而是涉及**好**与**坏**之间的复杂协调。

由于缺乏概览，这些导向会变得更加复杂。饮食活动能达成什么往往不是很清楚。即使是相对简单的、与健康有关的"生命之美"也不是直截了当的。就拿菠菜蛋饼来说：这对我们有好处吗，包括我的客人和我？

我试图在荷兰营养中心的网站上就此进行查找，该中心自豪地声称提供"有科学依据的信息"，但我还是遇到了一些不确定因素。几年前，该中心警告说不要经常吃菠菜，因为据说人体会将菠菜中的硝酸盐转化为亚硝胺，这是一种致癌物。到了我写这本书的时候，该网站又说吃菠菜没有问题，因为其亚硝胺含量低于造成危险的阈值。[53]那鸡蛋呢？几年前，鸡蛋中的高胆固醇被认为会增加血管疾病的风险。如今这种担心已经减弱了。然而，该网站警告说，不要吃自家后院里养的鸡产下的蛋。它们会从地上啄食食物，但整个荷兰的地面都被二噁英污染，这又是一种致癌物质，不幸集中在鸡蛋中。[54]此外，如果适量食用的话，土豆是好的，我会进行油炸。但只是微微油炸。如果炸得太过，在油炸过程中就会形成太多的丙烯酰胺，而这再次增加了食用者患癌症的统计学概率。

如果说很难知道哪些食物有利于我的"生命之美"，那么约纳斯希望我努力追求的"道德正当"就更加难以触及了。如果你不知道你在做什么，你如何能做正确的事情？有大量的饮食实践显然是**不正确**的。它们是卑鄙的、侮辱人的、剥削性的，正如大量文献所急切指出的[55]。它们中的绝大多数都应得到结构性的回应，而这种回应已被推迟太久。但是，作为那些建议信息针对的"消费者"，我寻求以一种符合伦理的方式进食，我很快就会感到困惑。很轻易地，我发自善意的**行动**会产生隐形的或不可预见的负

99

面效果。

我经常去的商店提供有机的、有公平贸易标识的咖啡。由于买得起，我很自然就买下了它们。但这是好东西吗？当我和研究咖啡种植的 V 交谈时，他告诉我们，在他工作的地区，将沉重的有机肥料运到种植咖啡的陡坡上，对农民来说往往太过困难。为了保住"有机"的标签，一些农民根本就不给他们的土地施肥。在短期之内，这带来了贸易商为有机咖啡所支付的较高价格；然而，从长远来看，而且也不需要多久，这对他们的土壤是不利的。这意味着不利于他们的咖啡树，因而也不利于他们的收入。"公平贸易"的标签也有自己的问题。例如，获得标签的过程是非常苛刻的。此外，虽然种植公平贸易咖啡的农民往往比其他农民有更高的收入，但采摘咖啡豆的工人却没有。如果他们得到更高的报酬，种植公平贸易作物的农民就会和他们的邻居产生矛盾。[56]

我（从无数的可能性中）选择这些例子，并不是为了宣扬犬儒主义。相反，这些例子是为了说明"道德正当"是一种难以触及的完美理想。你可以做力所能及的事，但位于食物护理背后的网络往往是如此复杂和延展，以至于你不知道你做了什么。[57] 我们找不到借口去给鸡喂食二噁英，或剥削农场工人，或用杀虫剂杀死咖啡树上的昆虫，或用福尔马林喷洒水果——**那些**显然是不好的事。可悲的是，明明是坏事，但我们还是无耻地去做了，这样的事情太多了，多到令人震惊。但这不应该把我们禁锢在"道德正当"版本的伦理中。因为如果犬儒主义是危险的，那么道德正义就是虚妄的。在复杂的情况下，我们需要的是一种**行动**的类型，在这种类型中，良善的意图总是与对潜在不利影响的认真了解结合在一起。

　　以下是对理论的启示。一些范例情境中，善与恶泾渭分明。纳粹的暴行就是一个典型的例子。这些促使约纳斯克服绝望，拥有勇气，并呼吁道德正当性。然而，在当今都市饮食的背景下，道德变成了不同的东西。它不是一个只需顾及体面的事情，而是需要反复注意个人**行动**会产生的未预结局。在缺乏控制的情况下，需要注意的是：作好准备，尽最大努力去**行动**，承认失败，退一步，重新开始。

100

　　约纳斯认为吃是一种确保生命存续的行为，但他也坚持认为，超越对自己身体生存的关注，并有超越于此的追求，才算是真正的人类。当然，生命的意义不只是生存。但我在这里要说明的是，"活着"已经包含了**更多**的东西。生存所依赖的饮食不是"自然的"，而是"培育而来的"。它被悬置在不同的社会物质构型中，并可能以不同的方式进行。它有一种伦理，但这种伦理并不一目了然。即便我们想驱散绝望，但也不能指望道德正当性。由于"我的"吃所依赖的网络是无穷复杂的，无法得到一个全面的概览，吃得**好**会包括尝试、面对失败和再次尝试。

　　以下是对**行动**的启示。我们不再把饮食降格为生活低级的前提条件，而去探索它是如何在这里和那里作为多元社会物质实践的一部分被**行动**完成。这提出了一种在不计其数的紧张难题之间斡旋的**行动**模型。这意味着**好的行动**成为一项需要坚定承担的任务，即便——或者正是因为——它是难以触及的。

139

行动成为了什么

公共卫生运动鼓励人们作出健康的食物选择，而实验室所研究的饮食就好像是一个自然过程。相比之下，在诊所和厨房中，饮食是一项**任务**。这体现了另一种类型的**行动**：一种更容易决意去做而不是实际执行的工作；一种身体上的工作，但不限于行动者的身体；一种涉及其他人和无数事物的工作。工具在适合饮食者时，可能会对任务的完成作出贡献。但是，如果以**我的**饮食实践为例，**行动**就是照护，它也是转化性的。酶——人类和微生物——将食物分解成足够小的颗粒，以便穿过我的肠壁。烹饪的火也是如此，它们将生土豆等难以消化的食物转化为令人欣喜的菜肴食材。一代又一代的农民改变了耕作方式，以便使食物更能适应吃这些产品的人们的口味和肠胃。与这种**行动**模型相关的行动者，承担着吃的任务的行动者，是一个延伸的、散布在历史中的社会物质集合。

这个复杂的集合体是不太容易预测的。培育和照护并不能提供控制。在任何时候，事情都可能这样或那样发展；结果可能是令人愉悦或令人失望的。更复杂的是，当吃东西正在**进行**的时候，与之相伴**进行**的那些事情必然对一些人是**好**的，对另一些人是**坏**的；在某一方面是**好**的，在另一方面是**坏**的。栗山告诉我们，在中国的传统中，人类被比拟为植物，特别是在他们的道德成长和发展方面。相比之下，西方哲学家将人类上升到植物之上。他们认为，植物只寻求确保生存，而人类是有道德的存在，有更高的目标。基于这一点，人类的饮食被认为是一种类似植物的索求：一种自然的欲望，一种生理的需要，一种实现那些更高目标所需

101

的前提条件。但这种描述并不适于**我的吃**，因为这不仅仅是一个生与死的问题。相反，它有助于编排出不同的生活和死亡的方式。我可能想做正确之事，我可能想吃得好，但是，无论如何，我所做的事都可能会有坏结果。然而，这种缺乏控制的情形并不是犬儒主义的借口。相反，它需要另一种伦理学，一种不存在让人无忧无虑的抓手的伦理学，一种不孤立地设想这一或那一目标的伦理学，一种意识到行为不可避免地具有各种各样的结果的伦理学。这种伦理学将有价值的**行动**想象成照护、自我反思、好奇、关注、适应，还有坚韧不拔。

第五章　关联

　　我在前几章提出，如果存在、认识和行动不再以能够进行思考的人类**范畴**为模本，而是以**这个**或**那个**进食的人类为模本，那么它们就有了不同的意涵。本章将考察范围扩大到**关联**这一方面。[1]这里所回顾的 20 世纪哲学人类学家们试图解决一系列问题，但对他们来说最突出的是 20 世纪极权主义政权对欧洲造成的浩劫。他们抗议纳粹和劳改营，提出人类"不应该被当成动物对待"。人与人之间的关系必须建立在平等和对共有人性的承认之上。最明确地将人的**关联**作为研究主题的哲学人类学家是埃马纽埃尔·列维纳斯。因此，我在本章中回顾他的工作，并将其作为对比讨论的材料。在列维纳斯对**关联**的理论化中，吃具有重要的作用。与迄今所讨论的所有作者相比，他不认为吃"仅仅"是维持生命的前提。相反，有趣的是，列维纳斯把吃作为一种快乐来赞颂。但是，即使吃是"真正人性的"，一个正直的人也可能想放弃这种快乐，以把它提供给一个他者（Other）。把自己的食物送给陌生人，成为列维纳斯笔下伦理**关联**的标志。当有人敲门时，**我**要打开门，看着他者的眼睛，将他认作同胞。为彼此的相似性感动，**我**不应剥夺他者的生命，而要向他提供食物这份珍贵的赠礼。**我**不应该吃，而应该给陌生人食物。

列维纳斯呼吁他的人类同胞们认识到他们和他者们之间的**相似**。这一呼吁在其被提出的欧洲语境下并没有达到预期的效果。同样地，在世界其他的地方，不平等、剥削和暴力从未停止，而是持续着。即便如此，在本章中，我将讨论另一个问题。如果我们放下人类例外论，思考**我**与非人类生物的**关联**时，会怎么样呢？[2] **我**可能同样会想看看它们的眼睛，或以另一种方式去感知它们与人类的相似之处。这些相似性可能会、也可能不会被当作放弃食用它们的一种呼吁。但无论如何划分，最终我还是吃了它们，摄入了某些生物的一些碎片。从我与我所吃的东西的关联中可以学到什么？列维纳斯认为，进食者消灭了他们所吃的生物。只要——在个人层面上被理解为——摄取了一个可食用的他者（的一部分），他的观点就没问题。但当我们把范围扩大到农业劳动时，情况就变了。因为这样一来，我们饲养大多数生物都是以食用它们为目的。这表明，**索取**不仅是破坏性的，而**给予**也不仅仅是慷慨的行为。食客和将要成为盘中餐的东西之间的关系质量，一次次取决于无数具体的情况。

当列维纳斯把相似性作为尊重彼此的理由时，他借鉴了一个由来已久的理论传统：赞颂亲属关系。在西方哲学中，兄弟之间的纽带一直被视为一种理想型的关系。兄弟情谊，也就是男人之间的友谊，成为了最佳的友谊模型，这一点仿佛是不言而喻的。然而，在列维纳斯的家庭图景中，一个女人是突出的存在，特别是在"主体"能够离开母亲、自力更生之前，母亲慈爱地滋养了"主体"。

喂食关系

我在本书中试图对**吃**进行的思考，有多种形式。它可以包括大口吞咽、摄入营养、储备卡路里、消除饥饿、享受美味佳肴、分享美食、吞噬其他生物，等等。它并非在各地都一样，而是多种多样的，多于一个，少于许多，因为这所有不同的饮食形式会彼此相遇和干扰。去别处旅行，去到更远的地方，会给饮食增添更多变化。史翠珊（Marilyn Strathern）在她的文章《吃（与喂）》[Eating（and Feeding）]中认为，哈根人（Hagen），特别是北梅尔帕语（Northern Melpa）的使用者，围绕该词及其不同的含义作出了具体的区分。"吃/被吃指一系列行为，从在战争中杀人或结盟致某人于死地，

104

这个主体就是儿子。关于人类和其他生物之间关系的诸多理论借鉴了其他的家庭形象。进化论就引入了英国绅士阶层的家谱，它们表明，两个物种的共同祖先越晚近，它们间的亲缘关系就越密切。如果从亲属关系上讲，我与黑猩猩关系密切；但当涉及吃的时候，我与苹果的关系更密切。我和苹果间的关系并不取决于家族的接近性，而是苹果**合我胃口**。食客和食物之间的"合适"可能是物理的、社会的、文化的、经济的，但它并非对称的。不过，有个问题值得一问：什么对被食用的生物而言是**合适**的？就喂养儿子的母亲以及其他即将成为盘中餐的食物而言，是否有可能跨越**暴力**和**爱**？

英国绅士阶层是由血缘纽带维系的，但后来**亲属关系**这个词被扩展到了其他关系，并被理解为与相似性没有什么关系的各种形式的**同在**（togetherness）。对

于非血缘的**亲属关系**来说，重要的不是共同的特征，而是共同的活动。在人类当中，这些活动可能包括一起长大、一起工作、在一张桌子上吃饭，以及在节日和葬礼上聚在一起。与非人类生物在一起时，人类也可能参与创造亲属关系的活动。一个人可以和狗朝夕相处，可以养鸽子，可以走在草丛中，也可以享受树荫下。但是，**食用他者**也是建立亲属关系的一种方式吗？也许这种关联的模式需要其他术语。我与那些我**不**直接食用但却与我饮食相关的生物的关系也是如此。也许它们曾希望吃我所吃的东西，也许它们被驱逐出我的食物生长的地区，也许它们从未出生。它们是我的竞争对手吗？我可以把我们的关系归结为一场斗争。但问题就在这里：我可能会一次次地胜利。但只索取、不付出对所有的生命来说都是一种侵蚀。因此，即便一开始损失的只是他们，最后损失的也会是我。

给予与索取

与其他哲学人类学家一样，列维纳斯对那些消解个体性的社会学图式表示怀疑。他写道，人类主体"不是通过它对整体的参照、通过它在一个体系中的位置来定义的，而是从其自身出发来定义的"[3]。然而，列维纳斯思想中的主体并不是无端冒出的。列维纳斯明确地关注了"自我"是如何产生的："从自身出发这一事实，等同于分离。"（300）一个人成为主体的方式是将自身与母亲分离。母亲首先怀上并生下了她的婴儿，然后继续给婴儿哺乳。因此，主体在后来的生活中遇到的所有面孔都有一种令其宽慰的光芒，尤其是那些女性的面孔，她们让他重新想起了属于母亲的主体："面孔的舒适感给人安宁……原先始于女性面孔的温柔，能到被贫穷（"trubbishness"）等抽象的苦难所吞噬，或被烈日或分娩时的疼痛所吞没。它可以被用来诋毁他人……用于男人或女人指责别人攫夺他们的努力成果。它也可以指食物和（男性或女性、合法或不合法的）性关系的快感与危险。"（7）因此，被英语翻译成"吃"的哈根语唤起的是英语中的**吃**所没有的各种活动。史翠珊补充说，其中的回报也不同。"哈根人在烹饪上并不十分强调一餐的口味组合，但他们确实把（安全、适当）的饮食与愉悦联系在一起，而其中猪肉是最重要的。确切地说，给别人吃猪肉可以使他们心中一喜，使他们感觉良好。"（7）良好的感觉来自**猪肉**本身，也来自**喂食**的举动。这些东西是相互关联的。在哈根人中，猪肉唤起了一个喂食者，一个将它作为礼物的人。

为了进一步阐明这一点，

够使已经经历分离的存在重新想起它自己。"（150）在主体与他的母亲分离之前，他们的关系一直是一种非语言的滋养关系，或者用列维纳斯的话说，是第一种"人与人之间的关系，不是与对话者的关系，而是与女性他异性的关系。这种他异性位于语言之外的另一个层面，绝不代表一种被删节的、结巴的、仍然是初级的语言"（155）。母亲喂养她的孩子时，提供的营养保证了孩子的成长，同时也是欣喜的。"在毫无效用的情况下，在纯粹损失的情况中，无偿地享受其中，不涉及任何其他东西，纯粹地耗费——这就是人。"（133）

阿伦特认为，吃分散了对那些更有价值的努力的注意力；对梅洛-庞蒂来说，吃是认知的一个先决条件，无关紧要；约纳斯认为，吃是一种保证生命存续的活动，更高尚的追求可以在此基础上展开。与此相反，列维纳斯非常珍视吃。对他来说，吃是人类能够在"毫无效用"和"无涉他物"的前提下享受的东西。然而，故事并没有就此结束，因为终极的道德行为是放弃这种快乐，将自己的食物提供给陌生人。这就是列维纳斯伦理学的核心场景：**我**坐在桌前，一个有需要的陌生人敲门，而我打开门，看着陌生人的眼睛。在这种**面对面**的交流中，我认识到对方既是我的他者，同时也是相似的人。这就会促使伦理主体邀请陌生人进来，并给他提供食物。"承认他者就是承认饥饿，承认对方就是愿意给予。"（75）[4] 但在大背景中，再次出现了大屠杀的残酷现实。纳粹并没有丝毫"承认他者"，而是杀害了数百万人，同时以骇人听闻的方式对待了数百万人。那些设法逃离的人通常徒劳无望地敲着其他民族国家和私人住宅的门。这些暴行并不能解释列维纳斯的思想，但它们对其造成了影响，并赋予其紧迫性。它们是需要避免的终极邪恶。列维纳斯认为，人类不应该被去人性化。他也坚持认为，他者不应被消灭，我们应该承认其与我们既足够相似而应给予尊重，又足够不同而不用被同化。列维纳斯谈及人**不应该**如何对待同胞时，吃就是他使用的范例情境。吃破坏了他者性。"在自身需求的满足中，我发现异己的世界在我身上失去了它的他异性：在饱食中，我牙齿切入的现实被同化了，他者身上的力量成为**我的**力量，成为了我。"（129）在这里，消灭和吃被等同起来，食人习性也就被唤起（正如它在西方哲学传统中经常被唤起一样），它标志着一种最糟糕的关联方式。[5]

接下来，列维纳斯对两种关联模式进行了对比：吃，是以他者为代价的；而喂，是要付出自己的。这显然是对一个丰富的智识成果的超短总结，我在这里的处理还有失公正。即便如此，我史翠珊描写道，（至少在过去）新娘的母亲在她女儿的婚礼上会收到猪肉礼物。这猪肉来自新郎的母亲养的猪。新娘的母亲会**吃它**两次。第一次是当猪被递给她时。在英语中，人们可能会说她"收到"这头猪作为礼物，但在当地使用的词翻译过来就是"吃"。接受–吃会给妇女带来快乐，因为这意味着她养育了一个女儿，并得到了认可。然后，一旦猪被煮熟，母亲就会再次吃它，这次是在庆祝的婚宴上品尝它，吃下它。这种特定的**吃**意味着再次得到认可，还有肉所带来的快乐。这顿喜庆的大餐是母亲喂养女儿多年来期待的一个高潮时刻。吃不仅使被食用的肉分解，也使母亲自己分解。之后，她不再是之前的"母亲"了，因为她的女儿一旦结婚，就不会再和她一起生活，而是搬到另一个家庭的房子里。所有这些都意味着，在吃婚宴时，关键的

还是要冒昧地在此提出几个问题。首先，为什么伦理上的关联是在家庭的范围内进行的，而跳过了为什么有些人有家，而有些人却像饥饿的、游荡的陌生人一样四处流浪这个问题？为什么"家"会被轻易地视为一个安全的地方？最后，为什么"主体"被不假思索地等同于感恩的儿子，而不是耗尽的母亲？[6]在下一节中，我将回到这种家庭式的想象。但首先，我想关注一下隐含的人本主义。列维纳斯关注的是"去人性化"。他呼吁他笔下的那些**自我**去喂养类似的人类**他者**，即使这需要自身付出代价。他认识到被食用的生物付出的代价——"在饱食中，我牙齿切入的现实被同化了"——但这被认为是理所当然的事。但被吃的生物与人类有那么大的不同吗？当一个人与自己盘中的动物面对面时，承认就可能突然出现。

第五章 关联

2015 年，在一次会议上，我与一群同事讨论农业和食品，度过了兴致勃勃的一天。会后，我们在新西兰皇后镇的一家泰国餐厅集合吃饭。当服务员出现在我们的餐桌前时，我们点了各种各样的菜，打算一起分享。我们点的大多数是蔬菜，但也有一道菜里有虾，还有一道是菜单上描述的"整条鱼"。它将被油炸，并由红辣椒、大蒜、姜、柠檬和香菜调味。几分钟后，第二个服务员来到我们的桌子前问我们，鱼要不要去头？我们问他在泰国会怎么做。他耸耸肩说，肯定是连着头的。那他为什么要问我们这个问题？他说，在一张大部分是西方人（他的原话）的餐桌上，至少有一个客人会被盘子里的头吓坏。或者用他下一句话来说："根据我的经验，你们这些人不喜欢吃带头的东西。"

对某些人（"你们这些人"）来说，一张动物的脸孔是有号召力的。它会说"不要吃我"，接受我作为一个足够相似而不被同化的他者。在我们这些与会者的桌前，我们一致认为，这种呼吁不应该用菜刀来压制。要求在上桌前切掉鱼头来寻求心灵的安宁，我们认为这是一种虚伪的行为。你要么不吃动物（就像我们当中的一些人那样），要么就准备好面对它们（就像我们当中的其他人那样，面对这样或那样的警示）。[7]

将列维纳斯的人本主义延伸到人类之外，就可以理解放弃食用所有与人类相似的生物的观点。尊重它们，不要吃它们，它们和我们一样，都是同一个大家庭的成员。现在，除了可识别的面孔，生动的智慧或非凡的感受力也经常被作为吃它们的阻碍因素而被提起。[8]但是，哪些生物可以被认定为是有智慧和感受的？猴子——那为什么不是猪？狗——那为什么章鱼不行？[9]我不想在关系不是吃者和食物之间的关系，也不是吃者和被吃的生物之间的关系，而是两个人类母亲之间的关系。新娘的母亲吃的是新郎的母亲赠送给她的猪："在哈根，关系运作者是社会起源：实体按照谁给予／接受它们而被定义，从而被它们的起源和终点所定义。"（9）

史翠珊将哈根人作为给予–接受的吃，与维拉卡（Vilaça）对亚马逊流域瓦里人（Wari）对饮食的描述进行了对比。这个分析是过去式的，因为它涉及食用死人的问题，现在已经没人这样做了。根据传统，瓦里人的饮食会塑造吃者和被吃生物二者的身份：吃者成为了**人**，被吃生物成为了**食物**。因此，食用死者是一种与他们建立距离的方式，因为它不再把死者当作人，而是当作食物。食用死者是由非亲属的邻居进行的，他们为了尊重这种悲伤的场合，吃的时候会露出不高

这里回顾这些争论，而是想要引出另一个难题，即除了面孔、智慧和意识之外，物种之间的相似性还可以有更多别的形式。这里有一个过去已久但我从未遗忘的田野时刻的故事。

1976 年，我是一名医学专业的学生。在解剖课上，我们通过解剖来了解身体结构。一具在福尔马林中浸泡了至少六个月的尸体被放在一张有洞的金属桌上。首先，我们必须把它从一个塑料罩和一条巨大且潮湿的橙色毛巾中解放出来。然后，我们要使用镊子和解剖刀，找到教学手册中规定的身体部件。我自愿在靠近脸部、在脖子的左边的地方操作，另外两个学生负责右臂，还有两个学生负责左腿。另一侧则会在之后由另一个五人小组进行解剖。这并不容易。我们必须用镊子夹起皮肤，用解剖刀切开它，然后把它从皮肤下面的

脂肪和结缔组织中刮出来，逐渐露出我们想要看到的动脉、神经和肌肉。我不小心切断了我正在寻找的一条动脉。渐渐地，颜色暗淡的肌肉变得清晰可见。它们与任何其他哺乳动物的肌肉很相似。它们看起来像肉。或者反过来说，肉变得看起来像人的肌肉了。解剖课后，H和我习惯在绿色水瓶座餐厅吃素食。在那里，我们不怎么说话，彼此挨着坐在地垫上，用筷子从碗里夹菜：米饭、鹰嘴豆、扁豆、卷心菜、蘑菇。用当时的流行术语来说，这种气氛是**反文化**的。

只要人类的身体一直被皮肤所覆盖，他们的条状肌肉与其他哺乳动物肌肉之间的相似性就会被隐藏。对H和我来说，在我们的学生时代，解剖练习使这种相似性变得明显。但认识到人类的物质构成与可食用生物的物质构成间相似性的可能性，并不止于此处。

2011年，我们七个人聚在阿姆斯特丹的一个公寓里，进行一个民族志实验。我们要用我们的手指吃一顿热饭。我们中的四个人是用手指吃东西的专家，另外三个人则是使用餐具长大的。首先我们做饭，然后我们开吃。一口接着一口，我们的手指让我们感觉到食物，而食物让我们注意到手指的感觉。但如何称呼这些感觉呢？这些感受是由我们的触觉产生的，还是说是我们的手指在品尝我们的食物？当我在感受和品尝的时候，我突然想到，我的手指和我的食物是多么地相似。正如用手指吃东西的行家们刚刚教我的那样，我把食物按成小球，食物也把压力传回手指。这是基于植物的食物，没有肉。但即便如此，米饭加豆子，茄子加酱汁，当我的手感

109

兴的神情。在哀悼期结束时，邻居们会再次来访，这次死者的亲属也会参与分享晚餐。所有聚在一起的人都要食用代替死者的动物的肉。"双方都食用'尸体'，亲属再次哭泣，而非亲属则贪婪地、津津有味地吃着。"（4）从食用代表死者的动物的肉中获得快乐是可以被接受的。战争结束后，从食用人肉中获得快乐也是可以接受的："在吞噬新鲜的敌人尸体时，也有同样强烈的享受。"（4）吃了敌人的身体，战士就可以把敌人的精神融入自身。因此，这不仅是一种享受，也是一种强化。吃者（被强化）和敌者（食物）的身份都因其吃／喂关系而改变。

史翠珊又作了进一步的对比，这次的比较方是她所说的欧美人，或者更具体地说是荷兰人的饮食。为了说明这一点，她引用了我为《主体性》杂志写的一篇文章，这篇文章是关

受着它们固体性和黏性、适应性和固定性的特定组合时，它们的触感和味道都很像我自己的一部分。[10]

我用手指从盘子里拿起并送到我嘴边的种子、水果和叶子，都含有香料。它们经过了烹饪，但这并没有消除它们和我之间的相似之处。我和我的食物惊人地相似。但这种特定的相似性并没有引起我的反感。是啊，我们都是生物，都属于同一个大家庭。我们有很多共同的特征。但为什么这就得阻止饮食呢？我并不觉得我必须放弃这餐米饭、扁豆和茄子。相反，我在我的手指上，在我的舌头上，意识到我与我所吃的植物的相似，这让我领会我们共有的生命力。我很感激。

这就是我关心的问题：受列维纳斯的启发，人们可能会思考吃什么／谁，不吃什么／谁。[11]但无论这种思考多么重

要，它还隐藏了另一个问题，即**我**与那些最终被我**吃掉**的生物之间的关系。这种关系的问题不在于过去我们拥有共同的祖先，而在于我破坏了它们的未来。或者，问题在于此吗？

列维纳斯断言，我在吃的过程中破坏了他者。只要"吃"被限制在室内，发生在餐桌上，我也是这么认为的。我把米饭和扁豆捏成一团，拿起来送到嘴边，张开嘴唇，把食物放在双唇之间，咀嚼，吞咽，大米和扁豆就消失了，我则活着，讲述了这个故事。但是，如果"吃"被扩大到囊括其他地方发生的事情，扩大到我家之外的地方，扩大到一顿饭的时间跨度之外，事情就会发生变化。因为，幸运的是，在未来的某个时刻，我可能会再次吃到米饭和豆子，因为此刻有一个我不认识的人，在遥远的田野上，为我种植这些食材。我的祖先之所以留下了后代，是因为他们不仅吞食了他们所食用的生物，而且还种植、饲养了其他生物。我与我的食物之间，不止有亲属关系，还有农业/文化（agri/cultural）关系。

我最喜欢的一种苹果是博斯科普佳丽果（Belle de Boskoop）。这是一种荷兰产的美味，它的皮很粗糙，果肉相当酸，放在热菜中味道很好，比如与韭菜、甜椒和红豆一起烹饪，或者做成苹果酥。由于其粗皮和酸味，许多人不喜欢生吃这些苹果，不知从什么时候起，它们就不受欢迎了。后来，博斯科普佳丽果仍然有供应，但大多是在有机食品商店，而且只有季节性供应。超市则专注于贩卖更甜的苹果。最近，不知什么原因，博斯科普佳丽果再次流行起来，找到它们更容易了。大多数荷兰超市都有供应，而仓库存储大大延长了它们的"应季"时间。

110

于本书中反复出现的一些主题的初步探索。"摩尔的假定是，吃苹果提供了一个思考主体性的案例。"（2—3）毕竟，一个吃者并非典型的、全面的、自给自足的主体。作为一个吃者，**我**感谢我所吃下的**苹果**，在吃的过程中，我们之间的边界模糊了，**我**至少有一部分变成由**苹果**组成的。但我所吃的苹果不仅仅是物质的，它们也是符号客体。**我的**苹果象征着《圣经》中关于天堂的故事，在这些故事中，苹果被视为禁果。这反映在一句荷兰语俗语中，翻译过来是"把苹果留到口渴的时候吃"，鼓励节俭。它们也可能带着某些污点，比如20世纪70年代末来自智利的澳洲青苹（Granny Smith），它带着皮诺切特独裁的气息，因此应受到抵制。所以，虽然史翠珊坚持认为哈根语中的"吃"比英语中的"吃"包括更多的活动，但我想提示这样一个事实：

这个苹果在我吃下它的时候被消灭了。然而，当有足够多的潜在食用者欣赏它的特性时，这个**品种**的苹果就会蓬勃发展。这是一个良性循环：吃的倾向促进了该品种的培育；该品种的易得性增加了更多人品尝它的可能性。因此，虽然**我**吃这个**特定**的苹果时，破坏了我当时咬下、咀嚼和吞下的东西，但**我们**吃**这种**苹果却是生成性的。它照顾和保护了那些会结出我们梦寐以求的果实的树木。[12]

列维纳斯像其他哲学人类学家一样，试图将个体从新生的社会学解释图式中分离出来。然而，当涉及对饮食的理解时，我们有充分的理由将自己的视野扩大到个人之外。这样做不一定能得出结论，但它能从另一个角度看待食客与他们所吃的果实等部分的来源生物之间的关系。因为当追问涉及餐桌之外时，吃似乎就不仅仅是消

灭我的食物，它还允许我所食用的生物继续生长。吃与喂是互相
缠结的。

　　我的朋友 G 在她所居住的城市的北部边缘有一块小园圃。她
在冬末时骑车去那里修剪树木和清理地面。她预先准备好植床，
然后等到春天来临，再到植床上播种，或者把她事先在小播种盆
里种植的植物移栽于此。G 还种植土豆（不同颜色），有时从苗圃
购买小灌木（如覆盆子藤）。整个春天，她把星期六的时间都花在
捆绑攀缘植物、浇水和除草上。尤其是除草。G 坚持认为杀死杂
草是种植食物的重要部分。然后，在初夏的某个喜庆的时刻，她
开始收成。从那一刻起，G 开始拥有大量的蔬菜和水果，她可以
自己吃，给她的客人吃，也可以为即将到来的冬天保存起来。[13]

　　在挖出土豆之前，G 将其种植在精心准备的植床上。她也保
护她的覆盆子，免遭其他植物窒息。她在从她的园子里索取之前，
先对园子进行了付出。这样一来，吃东西就不仅仅是破坏性的。
但这也有一条必然的推论，那就是在园子里，给予本身并不是一
件道德的事情。对于 G 来说，她可以悉心地照料她的土豆和覆盆
子，甚至全身心地投入。但它们的食用性始终是目的所在。土豆
得到良好的照料后，将会是令人满足的食物。覆盆子灌木以美味
的覆盆子回报其适宜的爱护。那么，在 G 的园子里，喂和吃，给
予和索取是相互交织的。将其中的道德性分离出来是没有意义的。
与其说喂是好的，吃是坏的，不如说喂和吃互为前提、互相牵连。

　　G 只在她自己的园子里种植物。但对动物的喂和吃同样可能以
相似的方式相互交织。在汉斯·哈伯斯的笔下就是如此。他写了他

在我的荷兰田野点中，其他事情与吃同时发生，发生在吃的过程中。维拉卡写道，在个体（动物或人）被吃掉的那一刻，瓦里人的人格就丧失了。我则想说，在我的领域，人格在理论上可能与自主性有关，但在实践中却仰赖食物。总的来说，我过去和现在都在分析吃的实践，寻找理论上的灵感。虽然在这本书中，我把思考和吃进行了**对比**，但我喜欢史翠珊在描述学者间关联时的观察，即思考也可能是以吃为**模型**的："我们互相消费对方的见解，互相提供、喂食思想，在力所能及情况下识别它们的来源。"（12）

在 20 世纪五六十年代长大时所住的荷兰农场的情况。[14]

"我印象里的农场主要是一个经济系统；它在间接的意义上是收入来源，在直接意义上是我们自己食物供应的来源——我们自己养的牛肉和猪肉，鸡的蛋，奶牛的鲜奶，以及我们自己园子里的蔬菜……这些活动的经济特征不应局限于严格意义上的市场，也不应局限于竞争和盈利——当然，这些确实是一部分。最重要的是，它是一种生活方式——为了生存。"[15] 为了生存，农户们依赖他们的农场，因此也依赖生活在农场上的所有生物。他们也依赖很多东西，依赖农场运作的环境。因此，有很多东西需要照料。

"做一个靠谱的农民，事关无休止的照料问题。照料有各种各样的模式和程度——照顾动物、植物、农作物、建筑、工具、排水等等。**照料**总是与**关心**各种不同的因素联系在一起——某头奶牛的健康状况，第二天的天气（如果收割机要进场的话），猪饲料的价格，新的关键投资所涉及的风险。人们还总是关心我们的学习成绩，并期待着不必务农的未来。照料和关心总是在保存自我的语境下实现，保有这个网络，保有这种生活方式。"[16]

我们在这里看到的是一种敏锐的意识，即维持一个人的生活，维持一个人的生活方式，取决于劳动，取决于照护。[17]这种照护可能是爱，但其中的爱绝不是感性的。当农场里的动物不再对集体作出贡献时，它们就会被杀死。人们最喜爱的狗，因病痛而被安乐死并埋葬。人们赞赏有加的马被拖拉机取代后，就被送进了屠宰场。不再为家庭生鸡蛋的鸡就会被吃掉。

通过差异进行关联

在西方哲学传统中，实体有其内在固有的特征。它们在产生关联之前就是"自己"。对吃的关注在一定程度上扰动了这一点，因为它表明，**我**之所以为**我**，要归功于我所吃的苹果（以及荞麦煎饼、菠菜蛋饼）。这一点很重要。但是，不管我们之间的关系如何，苹果（煎饼、蛋饼）和我仍然是各归其位的个体。我是我，苹果是苹果。即使我吃了别的东西，我仍然是我。不管是被我吃下还是被一匹马吃下，苹果仍然是一个苹果。风是风，鱼是鱼。在维韦罗斯·德·卡斯特罗（Viveiros de Castro）在他的著作中提出的视角主义（perspectivist）世界里，这是不一样的。在那里，一个实体**是**

113

哈伯斯说，鸡被喂食和喂水。它们的喙被剪掉了，这样它们就不能互啄。然而："一旦它们不再产蛋，这种有限的照护也会戛然而止。它们会被宰杀，我们会享用一整周末的鸡汤和鸡腿，看谁能吃到鸡心——这可是一种美味。"[18]

这样一来，在农场里，就像在园子里一样，喂养不是简单的慷慨。照顾鸡是因为它们会下蛋，同时也考虑到未来能吃到它们的鸡腿。但是，如果吃东西仅仅是破坏性的，农业就会很快终结。明年和后年能否吃到鸡蛋和鸡腿，取决于对鸡是否有持久的关怀。农业伦理并不是在给予和索取之间悬置。相反，关键问题是如何进行照护。

"在炎热的夏天，我们把鸡舍后面的几块木板移开，让鸡能有更多的新鲜空气。这就是白鼬能溜进来的原因。她像一个纯种吸血鬼一样攻击鸡群，咬住它们的喉咙，喝它们的血。我们无法抓住、杀死或毒死她。只要有鸡在这，这些就不可能实现。唯一的解决办法是把木板放回原处，把她完全挡在系统之外——即使鸡会热得要命，也这至少比被白鼬吃掉要好（也就是没那么糟糕）。照料，也是对某种情形的利弊的长期考虑。"[19]

哈伯斯不后悔啜饮鸡汤，也不后悔在与兄弟姐妹的争斗中获胜后享用鸡心。但是，由于一只白鼬发现了为获得新鲜空气而松开的木板，棚子就只能变得很热——他怀着回顾性的忧虑讲述了这一点。如果他现在有鸡，他会想出一个更好的方法，让清凉的空气进入它们的住所。然而，他并没有给出回顾性的判断。相反，他坚持那种在对那些人们赖以生存的食物的照护中，隐含着的道德风格。那是一种"对某种情形的利弊的长期考虑"[20]。

列维纳斯要求他的人类同胞们放弃食人，转而参与喂食关系。一旦与母亲分离，一个有道德的人类主体就应该喂养他者，而不是吃掉他；应该去给予他，而不是从他那里索取。我们有可能去扩大这种人本主义的呼吁，并试想其他哪些生物可能被包括在同类相食的禁忌中。在此，我要提出另一个问题。通过分析**我**与那些我**吃**的肉（蛋、奶、叶子、果实、种子、根）的来源生物的关系，关于**关联**，我们可以学到什么？因为身体上与母体的分离并不等同于自主。当婴儿断奶后，他们可能不再喝母乳，但这并不意味着他们变得独立了。相反，他们把对母亲的依赖转移到牛奶、豆奶、燕麦奶和/或其他食物上。那就提出了这样

什么，是由它所处的关系决定的。在《交换视角：美洲印第安人本体论中客体向主体的转化》（Exchanging Perspectives：The Transformation of Objects into Subjects in Amerindian Ontologies）一文中，卡斯特罗解释道，在"我们的"世界中，"你是一个父亲，只是因为有另一个人的父亲是你。父亲身份是一种关系，而鱼性是鱼的内在固有属性。然而，在美洲印第安人的视角主义中，某物之所以是鱼，只是因为它是另一个人的鱼"（473）。那么，在**视角主义**的理解方式中，不仅是父亲的身份，就连鱼的属性也是关系性的。这不像在西方的视角主义中那样是一个认识论的观点，其中不同的观察者从不同的角度观察一个客体，他们所看到的会有所不同。相反，它是一个本体论的观点，它涉及的是客体本身。差异不在于观察者的眼睛所见（以及

114

的问题：作为一个食客，如何最好地去照护那些全部或部分作为我们食物的东西？这些问题在这个世界上是非常重要的，因为在很多地方和情况下，"反向的照护"留下了很多需要思考和追寻的东西。这种照护的缺乏是不仁慈的，也是不道德的。并且由于我依赖于我所吃的东西，这种缺乏也是危险的。

以下是与**关联**有关的启示。作为一个人类个体，我吸收了我食用的生物身上的点点滴滴，而农业集体则在两个方向上编排了照护工作。在吃和喂之间存在着一种相互交织的关系。这表明了这样一种**关联**的模型，即索取不一定是坏事，而给予也不一定是好事。是什么让一个特定的喂/吃关系成为好的或坏的，不能用粗略的笔触来叙述。它存在于具体情况的特殊性中，一次又一次皆是如此。

暴力与爱

人本主义的"**我**"是一个个体。列维纳斯的理论化并不始于这个个体完全形成的那一刻。相反，他坚持认为这个主体在他母亲的子宫里成长，并以她的乳汁为食。一旦与母亲分离，他就会在陌生人的脸上认出母亲慈爱的脸庞。在这个标志性的故事中，滋养是母子二元家庭关系的核心。这在西方的理论传统中很特别，因为兄弟之间的纽带被更广泛地用作关系的模型。[21] 将父亲置于首要地位的系谱学想象也是如此。英国绅士阶层的家族谱系很有影响力，这些家谱始于一位其名将被家族世代承袭的祖先，以及他失去姓名的妻子。他们后代将被描绘成不断扩大的、上下颠倒的树状家谱的众分支。在这样的树状图中，资产——财产或特质——一代传一代。这就是被引入物种间关系的进化理论的图像。在18世纪，林奈曾根据植物和动物的相似程度，将它们分进分类学表格中。例如，有脊柱、毛发和条状肌肉的动物被归入"哺乳动物"标签下，而土豆、茄子和辣椒都被归类为"茄类植物"。在19世纪，达尔文为这些表格增加了时间维度。他提出，不同的物种是由共同的祖先演变而来的。它们的共同祖先越晚近，它们的相似性就越明显。就是在这个时候，英国绅士阶层的家谱被引入，作为说明物种之间亲属关系的模型。这引发了一场丑闻：黑猩猩怎么可能是"我们的表亲"？但事实证明，亲属关系术语对于理解猿类和人类之间惊人的相似性非常有帮助。

然而，如果说系谱树将祖耳朵、鼻子、舌头），而在于构成现实的关系。例如，如果**我们**喜欢木薯啤酒，这意味着**我们**喜欢喝的是木薯啤酒。**我**们是人类，它是木薯啤酒；如果**我们**是美洲豹，它仍然是**木薯啤酒**。或者，我在这里引用《视角人类学和有控歧义的方法》（Perspectival Anthropology and the Method of Controlled Equivocation）一文："当美洲豹说'木薯啤酒'时，他所指的和我们所指的是一样的东西（即一种美味的、有营养的、令人陶醉的酒）。"（6）然而，当**人类**尝到美洲豹所说的木薯啤酒，他们会很快吐出来，因为美洲豹想喝的**对人类来说**根本不是木薯啤酒，而是血。人们会把它吐出来，因为害怕自己变成美洲豹。

在卡斯特罗的观点中，美洲印第安人的本体论是关系性的。实体的属性总是从它们与其他实体的关系中产生的。同先的关系视觉化了，那么它就将滋养这一部分藏了起来。进化论将有性繁殖和由此产生的血缘关系置于生物学关注的中心。吃和被吃是在生物学的另一个分支——生态学中研究的，这个分支在很长一段时间里获得了哲学上较少的关注。生态学关注的不是相似性，而是生存问题。它的关键图像不是一棵树，而是一个循环。这个循环把那些以彼此的残余物为食的生物聚集起来。草被食草动物吃掉；食草动物被食肉动物吃掉；食肉动物的排泄物和尸体被蠕虫、真菌和微生物吃掉，而它们的代谢产物为草提供养分。如果以上这个循环看起来是静态的，还有其他图景划定了那些进食者和喂食者的数量是如何随着时间波动的：大量的草允许大量食草动物茁壮成长，但如果食草动物吃得太多，草就会被耗尽，不再有足够的食物，这意味着它们中的许多要挨饿。如果在这个等式中再加上一两个食肉动物和一两个其他食物来源，种群数量增长和下降的可能性就变得惊人地复杂。如果加上人类，那么情况的复杂性就会失控。生态学因此成为社会、政治和文化生态学，因为**我的**吃-喂关系仍然涉及进食者和食物，但同时也涉及工具、技术、市场、传统——你还可以列出更多。[22]

夏末，G和我骑自行车去她的园圃里。我们停好了自行车，把我们的袋子拖进棚子里，拿出两把椅子，放在一块草地上。然后我们开始收获。G打开栅栏上防止兔子进入的门。在我们的左边，一些橙色的小点在土壤间探出头来：那是胡萝卜。我们把起保护作用的尼龙网推到一边，拔了几根。再往前走一点，我们把另一张网推到一边，每人采了一把豆子，它们半藏在豆类植物的绿色茎叶中。当我清洗我们的收获时，G用锅烧水。当G用勺子把胡萝卜和豆子放到我们的盘中时，它们已经熟了，但仍然很脆。G还端出了她在那周早些时候挖到的不同颜色的煮熟的土豆。我们在土豆上撒盐，在豆子上撒肉豆蔻，然后用一块商店买的奶酪完成了我们的晚餐。

胡萝卜和豆子既与我们相似，又与我们不同；它们是我们遥远的亲属。但是G和我吃它们，是因为它们**合**我们的胃口。我们的身体（配有多功能的微生物群）能够消化（生的和熟的）胡萝卜和（熟的）豆子。更重要的是，我们从很小的时候起就吃胡萝卜和豆子，已经学会了怎么品赏它们：白煮，或加一点肉豆蔻，可以不加酱料。在G的地里种胡萝卜和豆子也相当容易，特别是一年一换种植位置。豆类植物根部的真菌在土壤中散发氮气，这使胡萝卜在第二年可以茁壮

时，关联本身也是具体的。卡斯特罗写道，对西方人来说，**关联**取决于共享的东西。在西方哲学传统中，最基础的关系是两兄弟共享同样的父母。这里又是"视角人类学"："所有的人在某种程度上都是兄弟，因为兄弟关系本身就是关系的一般形式。只要设想两个人有**共同的东西**，也就是说，他们与第三个术语有着**相同**的关系，那么任何关系中的两个人都能被定义为有联系。关系就是同化、统一和同一。"（18）相应的，形成鲜明对比的是美洲印第安人的关联模型，它是一个人与他姐妹的丈夫之间的关系。"我与姐妹的丈夫的关系是建立在我在**另**一种关系中的存在之上的，这种关系不同于他与我妹妹或妻子的关系。美洲印第安人的关系是一种视角的差异。当我们倾向于将关联的行动设想为摒弃差异、支持相似性时，原住民思想从另一个角度看待

成长。在荷兰的夏季，G 种植它们既不需要用温室来抵御寒冷，也不需要遮阴来抵御炎热。仅有一些工作要做：有其他植物需要除掉，兔子和野兔要用门和网来防止进入。但在特定的环境下，种这些植物都是收获大于投入的事。[23]

　　人类就和老鼠一样，能够靠着广泛的其他生命保持活力。但并不是所有我想吃的东西都能合我的胃口。如何区分什么适合我，什么不适合我？在实验室的笼子里，研究者会向老鼠提供它们不知道的食物，这是为了测试它们。老鼠会咬一小口，以感知这些食物是会使它们难受还是舒服。也许我也应该这样做。[24]

　　多年来，我一直避免食用小麦，因为吃面包或意面等食物会让我肠子疼。就我之前的了解，我判断我的消化系统对麸质过敏。就在最近，我了解到让我不适的也许不是麸质，即小麦中的蛋白质，而是果聚糖，一种长链碳水化合物。[25] 这符合我对洋葱汤的顽固抗拒，因为喝一点洋葱汤会让我痛得彻夜难眠；我也不敢吃卷心菜，即使卷心菜是北方冬天本地生长的稀有蔬菜之一。像小麦一样，洋葱和卷心菜含有大量的果聚糖。然而，芦笋对我没有问题。芦笋也含有果聚糖，不过其数量也许少到我可以应付，或者也许有其他相关的变量在起作用。我不知道。我试着去感觉什么对我有害。但只能到这里。在此之外，对可能发生之事的感觉是以集体的方式进行。它涉及被试和研究人员，他们共同研究一个问题：在某些时候，对某些人的肠道来说，什么东西不是有益的，而是刺激性的。

　　我希望能吃到合我胃口的东西，但合人类进食者胃口的东西可能因人而异，对任何一个人来说也会随时间而变化。虽然在我的感觉中，我使用了集体性的理解，但实践中的分类先于我存在。一代代种植者和食用者已经为"我"弄清楚，虽然土豆可以食用，但其叶子和浆果是有毒的。他们学会了培育甜的羽扇豆，而其苦的品种可能是致命的。在当下，制度安排也试图保护我免受不良食物的影响。有规定说餐厅厨房不能有老鼠，牛奶必须远离微生物，包装上必须显示明确的保质期。在实践中，规则和制度并不总是被执行，它们也并不总是那么显而易见。老鼠的粪便绝不可能是有益的，但也许用生牛奶制成的奶酪中的微生物对我的肠道有实际好处，而过期的巧克力在保质期之后必然还是完全安全的，只是它的味道受到了影响。[26] 我在这里想说的是，在食物和食用者之间，同时存在着个人性的和集

这个过程：差异（difference）的反面不是同一，而是**冷漠**（indifference）。"（19）在这里，关联不是分享一个共同点，而是协商一个差异。对比不是需要被抹去的东西，而是应该被关注的东西。冷漠才是要避免的东西。

我们也许可以吃那个？卡斯特罗认为我们——这次这个词可能指的是"西方"学者——也许可以。他一次又一次地在**我们**和**他们**之间作出鲜明的对比，而这不简单。他在"交换视角"中是这样表述这种对比的："我们西方的传统问题是如何连接和普遍化：个体的本质是给定的，而关系需要建立。而美洲印第安人的问题是如何分离和具体化：关系是给定的，而本质必须要定义。"（476）然而，卡斯特罗继续支持了一种受到美洲印第安人思维启发的人类学，它从差异开始。与其寻求了解**人类**所谓的普遍性，人类学更应该尊重不

体性的契合关系。

119　　S 与我一起对夏威夷比萨进行了研究，以勾勒出一些简单菜肴的复杂拓扑结构。[27] 简而言之：比萨是随着意大利移民来到北美的。夏威夷比萨可能是由加拿大的一个餐馆老板发明的，他也做中国菜，这鼓励他把甜味和咸味、菠萝和培根结合起来。当时，市场上的大多数菠萝是在夏威夷种植的。菠萝从南美出发，在法国和英国绕了一圈，最终到达夏威夷，在那里的温室里生长。如今，哥斯达黎加是全球领先的菠萝销售国，但菠萝比萨仍被称为"夏威夷比萨"。于是，总而言之，意大利、加拿大、中国、法国、英国和夏威夷都被折叠进这道平凡的菜里。但是它在哪里被人们吃掉呢？不仅仅是在发明它的北美，或者是在我们开始进行研究的荷兰，而且也在其他地方，其中就有泰国。这始于越南战争期间，当时美国士兵在曼谷休假。按照传统，泰国的厨房没有烤箱，但当地的餐馆很快就满足了市场的需求。当士兵们离开后，背包客成了热情的顾客，而现在泰国的年轻人垂涎于比萨，认为它是西方食物的代表。但是，如果说夏威夷比萨现在不仅在泰国可以吃到，在越南和中国也可以吃到，但它还没有到达印度尼西亚。这个国家的多数族群——穆斯林不吃猪肉。夏威夷比萨也不是"西方的"。就说这道菜从未回到意大利吧！因为在意大利，甜味的菠萝是一种甜点，不应该与咸的培根放一起。在意大利，铺满菠萝的扁面包和比萨根本是两种东西。

　　特定的食物是否适合特定的食客，不仅仅取决于身体的反应如何。许多转化性的历史在人类进食者和我们所吃的生物之间进行了关系调节。合你我胃口的东西可能与对家庭的舒适记忆或异国情调的吸引力相关，也可能要考虑宗教禁忌或烹饪规则。[28] 但这里有一个问题：成为食物的生物的应允呢？它们的快乐和痛苦与我的快乐和痛苦并不相通。吃／喂关系是不对等的。

列维纳斯将滋养上升为一种关联的模型。当主体看着他者的眼睛时，他看到了母亲，想到他在蹒跚学步之时脱离了母亲的身体。在他的成年生活中，他一直在别人的脸上看到她的脸。对成年的儿子来说，"女人的他异性"是滋养性的爱的缩影。但如果我们转到母亲的视角呢？列维纳斯的主体可能深情地记得他母亲的养育，但他忘记了自己的贪婪吞噬。连续几个月，他耗尽了她的精力。[29]

同人群的深刻差异。他们不只是对**同一**现实有不同的**看法**；他们**生活**在**不同**的现实中。他们的本体论是不同的。卡斯特罗认为，我们与其开始探究人类的共同点，不如真诚地关注**歧义**，关注不对等。这意味着，翻译不应该以消除差异为导向，不应带着最终获得共同语言的目的，而是要恰恰相反。在卡斯特罗设想的人类学中，差异是要被鼓励的。或者，正如他在"视角人类学"中所说的那样："翻译成为一种差异化的操作——一种差异的生产——它将两种话语精确地联系在一起，但这两种话语所说的**不是**同一件事，它们指向彼此之间存在歧义的同形同音异义词之间不一致的外部性。"（20）与其使他者性的事物屈从于共同的类别，且往往最容易屈从于**英语**类别，不如通过关注周围的差异来产生一种更尊重的、鼓舞人心的关联方式。

120

感激之情是否能弥补对某人的吸食殆尽？是什么让人有可能忍受这种消耗性的暴力？一旦我们从"母亲"开始，我们就会进一步思考其他提供滋养的生物的生活和时间——繁荣与痛苦。

接下来是对理论的启示。饮食关系不是围绕着相似度，而是围绕着契合度。如果我很幸运的话，我爱我所吃，我吃我所爱。但吃是一种不对等的关系。我的爱是一种暴力的爱。为了弥补这一点，为了缓和这一点，我最好再三询问，做什么才能让我吃的生物同样感到舒适。至少在理论上，吃提供了一种关联的模型，其中暴力和爱同时存在，交织在一起。

这就提出了一个问题：在实践中，我怎样才能向我所食用的生物表达更多的深层赞美和补偿性的感激？

同伴或牵连

纵贯整个 20 世纪，社会人类学家和文化人类学家研究了不同人类群体的亲属关系系统。在很长一段时间里，他们采用生物背景来理解家庭关系。这反映在他们工作使用的术语当中。在英语中，**父亲**这个词被赋予了结合了祖先的生物学地位和父母权威的社会地位的人。如果人类学家遇到一个孩子们位于母舅的亲权下的社会，他们不会把这个人称为"父亲"（优先考虑社会关系），而是称他为"母亲的兄弟"（表示血缘）。然而，在某个节点，人类学家开始怀疑自己对生物学的顺从，并将生物学知识历史化。他们强调，进化论从英国绅士阶层的家谱中引入了物种间祖先关系的图像。正是从他们的工作中，我了解到特征和基因的"继承"是以金钱和物品的"继承"为基础的。[30] 人类学家在田野中提出开放式问题时，发现"亲属系统"并不一定与血缘关系一致。即使是生活于英国腹地的人们也不一定把"亲属"与共同的特征或共同的基因联系起来：共同的生命要意味着更多。**他们的**亲属关系与共同成长、在同一片土地上劳作、相互借钱或相互聚餐有关。[31] 顺应这一观点，人类学家们将**亲属关系**这一术语从家谱中抽离出来，并开始将其用于形容对田野点的人们最重要的那些关系。

121

　　人类和非人类生物之间的亲属关系也已从进化上的邻近性中分离出来，转而注重凸显在日常实践中的邻近性。哈拉维正是这样，提出将先前人本主义的**同在**概念扩展到其他物种。"尊重、回应、相互地回视、注意、关注、礼貌地对待、敬重：所有这些都与礼貌的问候联系在一起，与城邦的构成联系在一起，在物种与物种相遇之时、之地。"[32] 哈拉维认为，我们应该认识到动物与人类生命相牵连的多种方式。她（在许多其他小动物中）称**肿瘤鼠**（oncomouse）为她的亲属。肿瘤鼠生活在实验室里，它的基因被修改过，可以用来测试为人类开发的实验性癌症治疗方案。因此，那些有朝一日可能会患上癌症的人——谁不会呢——都已与肿瘤鼠有所关联。她是我们的姐妹，即使我们不认识她。[33] 另一个关于同在的例子是哈拉维自己与两条活泼的狗一起生活、工作和玩耍。在这种语境中，她把狗称为"同伴物种"（companion species）。通过这个术语，哈拉维特意将人与狗的关系建立在共享食物的基础上："同伴（companion）一词来自拉丁语的 cum panis，即'与面包一起'。共餐的伙伴就是同伴。"[34]

　　当哈拉维使用诸如"尊重"这样的修辞并描述共餐时，她发挥了列维纳斯梦想中对于关系的人本主义想象。她创造性地将这

思考与吃

在《差异化的乐趣：奥利文萨图皮南巴人变革的身体》（Pleasures That Differentiate: Transformational Bodies among the Tupinambá of Olivença）一文中，德·马托斯·维埃加斯（De Matos Viegas）讲述了她在田野调研中认识的图皮南巴人将他们自己的图皮南巴人身份认同与他们吃的东西联系起来，而非与他们的观念联系。为了弄清另一个人是否是图皮南巴人，他们不与他谈论传统、认识论、本体论或其他抽象的东西，而是向他提供吉罗巴（giroba），一种特别的木薯啤酒。它的口味很苦，尝过的外人通常会把它吐出来。使一个人成为图皮南巴人的是他有能力喝吉罗巴，而且，更重要的是喜欢它。如

些拓展到其他物种。然而，她又更进了一步。在她的书中，其他生物不仅仅是"饭桌**边**的伙伴"，它们也可能在饭桌**上**。它们可能被人类当作食物吃掉。哈拉维警告说，喂食关系是很残酷的。"我们没有办法吃而不杀生，没有办法吃而不面对我们应对其负责的其他凡身，没有办法做到无辜和超越，或达到一种终极平静。"[35] 但即使吃总是涉及杀戮，也仍然存在好一些和坏一些的吃法。"仅仅因为吃和杀戮不能被干净地分开，并**不**意味着任何吃和杀的方式都是可以的，它并不只是一个口味和文化的问题。多物种的人类与非人类的生存和死亡方式在饮食实践中非常重要。"[36] 的确如此。但这里有一个问题。**亲属**仍然是上述同在关系最合适的术语吗？因为当我吃东西的时候，我并没有继续与我吃的人共存；我将他们纳入其中。或者在农业、集体层面上，我

的吃可能使我与我所吃的**物种**（species）共存，但即便如此，被吃下的**样品**（specimen）也会当场消失。那么，除了**亲属**外，我们可能还需要其他词汇来描述与我们与食物的关系。毕竟，它们不是我们的同伴（companions），而是**面包**（panis）本身。饮食行为把它们变成了**食物**。

在吃的语境中，把我与其他物种的关系作为亲属和同在关系，还存在一个问题。那就是在吃的过程中，我不仅仅与我摄入其肉、种子、根等等的生物产生联系，我还与那些不构成我的食物，但被我抢走了食物的生物产生了联系。

我在上文顺便提到过：G 说，她园艺工作的很大一部分是除草。她杀死侵袭的植物，这样它们就不会压坏她未来的作物。还有一些要阻止进入的动物。在 G 和我骑车离开她的花园之前，我们仔细检查了各种门和网罩。G 说，有一天晚上，她很累，忘记做这件事。几天后，当她回来时，她的地已经被饥饿的兔子轮番掠夺。从那以后，她再也没有忘记用她的技术工具来保护她希望吃以及慷慨喂养她的朋友们的植物。爱搞破坏的人类也被阻止在她的花园之外。只有园圃社团的成员才有他们共享土地周围大门的钥匙。每天晚上，他们都会锁上大门，将不受欢迎的伺机入侵者拒之门外。

在这里，门、网和锁构成了食客间竞争的中介。[37] 事实上，被拦在餐桌外的兔子和人类也许不应该抱怨太多。毕竟，只有 G 辛勤工作，胡萝卜和豆子才能在田里生长。如果不是 G 的园艺工作，湿地和沼泽的花草（现已作为"杂草"铲除了）会生长在那里，吸引不同的昆虫，为各种各样的鸟类所垂涎。也许这些生物——

何处理这种特定的模棱两可？也许这就是语言达到限度的地方。因为当品尝木薯啤酒成为最重要的因素时，这种关联既不是对话，也不是交流故事。这里不存在可能培养的多义性，也不存在写作，只存在品尝或吐出木薯啤酒罢了。就图皮南巴人而言，说**他们的**语言或**白人的**语言都行：它不是转化性的，它不会破坏**我们**图皮南巴人的独特性。只有忘记吉罗巴并吃白人的食物，才有可能把我们当中的一个美洲印第安人，变成他们当中的一个白人。这种想法阵痛性地回应了过去殖民者"**人如其食**"的想法。

也可能没有活过——才是我们食欲的真正受害者。但话又说回来，如果没有水泵将水从圩田的小沟渠抽出，打入圩田外的大运河，如果没有圩田周围的堤坝，现在庇护着 G 的园圃的地带将被水淹没。在这种情况下，水下生物就有机会在现在有圩田的地方进行繁衍。无论我们在哪种可能的范围内停下来，总是会有其他生物受到我饮食的影响。我剥夺了它们潜在的食物，或是完全阻止了它们的生存。[38]

J 收集了很多关于 2001 年英国暴发口蹄疫的材料。我们在分析这些材料时，谈到了该病毒从世界上流行地区到通常不流行地区的传播路线。边界是如何被守住的？我们还了解了跨境饮食的情况。在过去，英国的猪是家庭成员，主要用剩菜和土豆皮等家庭垃圾来喂养。在秋季宰杀前，橡子和其他食物被添加进来，把它们养肥。作为这种做法的历史遗留，在20世纪末，仍有少数农民用餐馆和食堂的剩菜剩饭来喂猪。如果这些食物被煮得足够久，它们有可能携带的虫子就会被杀死。若受到疾病和其他问题的困扰，只要一个农场的农民没有煮沸他们的厨余垃圾，疫情就会暴发。这使得很可能隐藏在从流行地区非法进口的肉类中的口蹄疫病毒越过边界，到达一个养满猪的棚子里。再加上全国范围内大量的动物运输，感染迅速蔓延。为了防止口蹄疫再次暴发，欧洲法律现在禁止把食物垃圾作为猪饲料。

　　欧洲的口蹄疫可以通过给猪接种疫苗解决，但他们并没有这么做。相反，它是通过进口更多的猪饲料来解决的。例如，欧洲原来已经大量进口了来自巴西的大豆，这些大豆是在大块的田里种植的，其代价是雨林遭到砍伐。这意味着一个人在英国或荷兰吃夏威夷比萨，会影响到亚马逊地区的无数生物。当赖以生存的树木被砍伐时，它们就会死亡。它们的生活空间被改造成了大豆种植园。[39]

　　那些赖以生存的土地变成了种植园的亚马逊青蛙、鹦鹉和凤梨是我的亲属吗？可能是。但如果**我的吃**意味着它们甚至无法出生，我们就没有机会学着和它们共同生活。问题的关键不在于它们单独地成为食物，而在于它们集体性地受到压力：它们的栖息地正在遭到破坏。它们既不是我的同伴，也不是我的竞争对手，它们是我曾可能成为的。它们是因我吃而被消灭的痛苦的不在场者。它们是幽灵。我与它们有关联，但它们已不在场。[40]

　　肿瘤鼠是我的姊妹，狗是餐桌上的伙伴，胡萝卜和豆子是我们的养料。但是，沼生植物和凤梨呢？它们在图景中身处何处？对于那些部分被我吃掉的生物，我想要寻求更好地表达我感激之

124

情的方式。我有可能为改善他们的生活作出贡献。对于那些不在我的餐桌上而已经被排除掉的生物，表达感激的方式就更难设想了。我们为食物而斗争，获胜的是我。然而，如果我继续获胜，一再获胜，最后我就变得茕茕孑立。这是因为我的胜利不仅伤害了那些败者，还伤害了那些依赖于败者的生物，以及那些依赖于后者的生物，以此类推。因此，如果作为人类而吃的**我**一直索取而不给予，接受而不反向关怀，那么，通过各种循环、调节和迂回，到了某个时候，一切都会结束。我们将不再有姐妹可以尊重，不再有伙伴可以玩耍，也没有其他存活的其他生物可以吃了。

以下是理论的启示。吃暗示了一种关联的模型，在这种模型中，斗争不仅对败者有害，而且对胜者也有害。因为如果**我**破坏了无数其他生物赖以生存的可能性条件，这也就不可避免地具有自我毁灭性。

吃与喂

当列维纳斯呼吁他的读者们正视他人，并认识到他们共通的人性时，他明确认为给予是良善的，索取是不道德的。这在很多情况下都讲得通。但是，当它涉及我与我所食用的生物的关系时，情况就不一样了。在这里，给予和索取是相互交织的，吃和喂是并存的。因此，两者中任一者本身并无好坏善恶。相反，吃/喂关系的质量取决于其构成的各种具体情形。当涉及进一步的评价时，具体情形也是至关重要的。因为，无论我们的关系多么不对等，如果我吃的是契合我的东西，我进食时的暴力和对食物的爱可能同时发生。这意味着纯洁无瑕、毫无罪恶地生活的迷梦是没有助益的。它们不会导向乌托邦，而是隐藏了负面和暗面；也就是说，它们否认了吞噬和耗尽。那么，在内疚地禁食和毫无顾忌地大吃大喝之外，我们所遇到的难题，就是一次又一次地在个体或集体中思考：在哪些具体的条件下吃是可以或不可以的，以及在吃完后，如何适当地表达感激之情。当涉及那些无法吃到我所吃的东西的人，感激之情可能不够。因为如果在饥饿的时刻，消灭其他生命形式诱惑着我们，而它同时也会适得其反。在千次万缕的循环和螺旋过后，消灭竞争对手意味着消灭那些本可能成为你我食物的生物。

　　以下是理论上的启示。如果我们撇开家谱，而以吃为**关联**的模型，那么，具有生成性就并非事关养育后代，而是关于培育作物。如果我们不关注和我们一同坐在餐桌旁的同伴，而是关注餐桌上的食物，我们会发现自己对它们的爱包含着暴力，而我们的吞食可能与感激之情交织在一起。在吃中，个体和集体是如何关联的，是一件很复杂的事情，因为虽然我的吃破坏了被吃的那个苹果，但这又有助于其同类的生存延续。因此，在吃中，索取不一定是破坏性的。但是，照护生物也有为我们自身服务的一面——它们是可食用的，给予也因此失去了慷慨的光辉。此外，吃的关系也延伸到那些吃不到我所吃的东西的人。但这些人不单单是我的竞争对手，因为我们是彼此的可能性条件的一部分，与他们竞争、获胜最终也阻止了我的自取灭亡。因此，吃所激发的关联模型并没有明确地划分好与坏。相反，它以模糊性和矛盾性、多重价值和不协调性为标志。令人安心的差异让位于特定的具体性。或者，正如哈拉维所说，"魔鬼在细节之中，神灵也在细节之中"[41]。

125

第六章　智识的食材

在 20 世纪，哲学人类学家们试图保护其免受统治、去人性化和暴力的"人类"指的是个体。他的**存在**处于他穿过的环境中。他的**认识**则是在一定距离外完成的。他的**行动**围绕着一个中心，并给予他控制。当他承认他与其他人类的相似性，他们的**关联**就会处于平等地位。至少在某种程度上，他高于地球上别的存在物，这是因为他具备的**思考**能力将"人类"提升到"自然"之上。而**吃**却做不到这一点。吃使人们接地气，使他们与其他生物纠缠在一起。这正是我为了摆脱人本主义的傲慢无知而去吃中寻找灵感的原因。在之前的每一章中，我都重温了哲学人类学典籍中的一段文本，指出了它试图探讨或解决的经验现实，然后将其与吃的故事进行对比。通过使用与吃有关的情境作为思考的范例，我已经构想出了理解**存在**、**行动**、**认识**和**关联**的替代方式。其结果不是以大写字母 T 开头的理论（Theory），也不是一个确定的概念集合。相反，这本书提供了具有转化性的模型，以及伴随思考的想象。这些并非由一个更新版本"人类"范畴所带来，而是由身处不同环境的人的具体故事带来的，他们相互依赖，依赖其他生物，依赖一个宽容但脆弱得可怕的地球。

　　一个尚未解决的问题是，所有这些对**吃**的关注给**政治**留下了什么？这就是我在最后一章中关注的问题。在《人的境况》中，阿伦特指出，关注身体的生存状况类似于让自己屈服于**自然法则**，而参与政治则意味着"人"可以制定**自己的法律**。她认为，人的追求不应当仅仅是简单的**生存**：他们的使命是在不同的**生活方式**之间作出选择。通过登上政治舞台，公民将共同决定如何管理社会秩序。阿伦特对政治的描述来自从古希腊民主城邦中获得的灵感。在雅典和斯巴达，政治权力并不掌握在少数专制统治者手中，而是由所有"自由民"共享。他们聚集在广场上展开**行动**，这意味着他们用修辞技巧而非武器来说服对方。阿伦特将此作为一项成就来赞颂。其他政治哲学家亦如此，他们在 20 世纪下半叶为**政治**制定了规范性蓝图。然而，随着 20 世纪继续前行，人们开始担心受"自由民"的聚集启发的政治模型已经不再足够。那些在古希腊被归为"工匠"或"妇女和奴隶"的人们在当今社会的化身，即技工、工人、农民、厨师、清洁工，以及那些活跃在所有其他有偿或无偿工作中的人们（他们在古希腊还不存在），他们该怎么办？他们也应被民主的会议欢迎和接纳。在 21 世纪，人们接着提议，政治也应该关注非人类的生物：动物、植物、真菌、微生物、岩石、空气、海洋。这就引出了一个问题，即参与**对话**是否仍然是**政治**所需的合适的模型？

　　在接下来的一节中，我将进一步说明，在寻求对**政治**重新理解的过程中，以阿伦特的"人的追求等级"为出发点可能会有帮助。因为她认为"工匠"的手工**工作**和"妇女和奴隶"卑微琐碎的**劳动**是**非政治性**的，但是果真如此吗？在古希腊，**工作**和**劳动**与实践而非理论相关，与物质生活而非语言相关，与常规而非决策相关。但所有这些对比都重申了"文化"高而"自然"低这样的等级区分，这种区分在近来的智识探索当中，包括在本书汇集的研究中被模糊了。如果我们不将政治认为是关于如何管理社会的决定，而是**生活方式**的他异性，那么**工作**和**劳动**中也有政治。正如本书中讲述的故事所充分展现的那样，**吃的行动**［包括塑造、执行、演成（enact）］有许多的方式。它不只是自然的，而是通过不同的方式培育的。下面，我将介绍一些额外的例子，以说明参与照护食物的**劳动**并未陷入单一的、相同的常规程序，而可能遵循不同的进程。一种可能性，一种秩序化模式，一次又一次地与另一种形成对比。它可能以如此多的方式培育生成，意味着**吃**不遵循预先设定的自然法则。然而，这并不意味着就可以使吃遵循"人造"的规则。因为作决定是一回事，而事情的可行性是另一回事。所有与某个情形相关的要素都可能退却、抵抗，或以其他方式被推或拉到这个或另一个方向。由此我们可以得出结论，**劳动**与其说是与政治格格不入，不如说是有其自身的政治。**劳动的政治**是一个持续的、实践的，同时在社会和物质层面上的协调。

也许**协调**这个词听起来过于类似对话；也许很难将其转向社会物质层面。但请试一试：我所提到的协调可能采取吠叫、咬人、无法成长或拒绝消化等形式。但是，尽管塑造着社会物质世界的协调不一定是用语言进行的，但语言对它们仍然是重要的。因为我们用来说话和写作的术语、模型和隐喻允许一些事情被评论，一些问题被提出，一些建议被制定，同时也将其他一些事情隐藏或排除在外。它们对现实的秩序化起到了一定的作用。它们推动了一些生活方式，并扼杀了其他的生活方式。在人类参与的世界中，语言是关键的食材。它们使一个很好的矛盾语成为可能，并助其形成，这个矛盾语可以被称为**智识劳动**（intellectual labor）。这就是为什么我们值得仔细关注它们，撰写阅读文章和书籍，花费精力来调整诸如**存在**、**认识**、**行动**和**关联**等大词。即使"理论"没有被提升到"实践"之上，它也不是多余的。即使"思考"不是"人类"独有的命运，它仍然影响着人类的其他活动，反过来也被这些活动所影响。这里有交织、纠缠、共存、转化、张力、复杂、相互融合。这种复杂的共同构成也可能是基于吃和被吃的。

劳动的政治

20世纪末，政治哲学家们中间出现了一个问题，即在他

他者性

由于本书试图重新点燃**存在**、**认识**、**行动**和**关联**的意涵，它介入、扰动了"西方哲学传统"。我在这里坚持用"**西方**"一词，是因为如果哲学家们对其著作进行定位，这是他们会使用的词汇。它暗示着与**中国**或**东方**哲学等类别的区分。这些标签看上去是地域性的，但在理论实践中，它们指向思考的方式，指向**风格**。在文化人类学中，**欧美**学者在撰写有关**我们**的内容时，倾向于使用**欧美**一词。这样做的话，他们调整了相关的区域性。同时，他们把寻找**风格**的来源从经典文本转移到日常实践中。然而，在这两种情况下，当**我们**与所谓的**他人**被区分开时，**我们**之间存在的内部差异（无论是作

129

们的理想类型的民主构型中，在广场上发言的权利仅限于"自由民"。如何才能将民主政治重新理论化，使其能够容纳所有人，包括那些没有多少财富、收入少、教育程度低、生活环境差、社会地位低的人，总之就是那些向来轻易就被抛弃或歧视的人？政治能动者们所掌握权力的巨大差异，很容易带来统治和支配。[1]一些哲学家认为，为了防止权力争斗，应该把社会差异留在政治集会的大门外。在政治会议室内，人们必须创造一个"言论自由的环境"，这样每个人都可以说出自己的想法，而理性将成为主导。针对这个观点，辩论会的形式受到了质疑。这些辩论并不像宣传的那样具有包容性，而这仅仅是因为"自由民"比其他人得到更多辩论上的训练。因此，叙述的形式同样应该得到欢迎。辩论的形式也在其他方面得到了修正，例如，有人提出，当人们聚在政治舞台上时，应该主动去忽略他们当时作出的决定会如何影响自己的生活。如果每个人的情况都隐藏在"无知之幕"后面，就有可能得出为"共同利益"服务的结论，即使这些结论对某些人来说比对其他人更有利。有人反驳说，社会差异根本不应该被藏起来，而应该被公开地承认。只有这样，人们才有可能制定出在人造庇护所——会议室外的现实生活中人人都愿意接受的解决方案。[2]政治理论方面的讨论生机勃勃，但无论采取何种立场，自始至终，参与**对话**都是政治**行动**的典范。

将政治建立在对话的基础上这一点并非不言而喻。当非人类被邀请到广场，很明显就会出现问题，因为谈话的能力按理说是人类特有的。该怎么做呢？一些人建议，人类必须学会更好地适应其他物种的独特交流方式，因为非人类有自己的、多样的、非人类的方式来表达自己。只要给予其更多的开放性和好奇心，这些形式非常多样的符号阐释过程足以说明很多问题。[3] 另一个观点是，在政治环境中，非人类可以由专门的发言人代表：科学家、社会活动家、业余爱好者、农民、邻居，只要是志愿者就行。但我们要优先考虑他们中的哪些人？小自耕农还是大农场主？进化理论家还是生态学家？物理学家还是生物化学家？阿姆斯特丹的居民还是布列塔尼的居民？那些声称代表着非人类的人们所说的东西都不一样。因此，如果说之前的问题是如何协调人类之间的社会差异，那么现在的问题是如何协调有关现实的不同表述。在自由民主国家的议会中，只有价值一直被讨论，而事实是从外部输入的。相比之下，在"自然议会"中，关于狗和树、森林和河流、空气和气候

为西方人，还是作为欧美人）就会被移到背景中。或者说，**我们**同质化的表象背后，是**我**们中的一些人没有被考虑在内。20 世纪 80 年代初，我花了几天时间分析"西方"文本中的话语，包括荷兰、德国、英国和法国，我发现，**我们**一词几乎只暗指**男性**。如今，关于如何安置移民或常乘飞机的国际富豪的问题，一旦区分出了**你我**，问题就会被忽视、被回避。地方**风格**间的差异也被转移到背景当中，无论是解剖学还是生理学、道德还是美学、饮食还是购物的差异。并且，**我们**会说很多语言。英语可能类似于法语、德语和荷兰语，但它定义事物的方式仍然与相邻语言明显不同。除此之外，由于**内部**的差异往往是隐藏的，语码转换（code-switching）[1]、克

130

---

[1] 指同一会话中交替使用两种及以上的语言变体。——译者注

的事实，都可以进行争论。[4]

如今，与非人类相关的事实在议会中进行辩论——即使这些议会并没有配备"自然议会"所需的额外的工具、规章和程序安排。科学家、农民、活动家和其他培育自然的人们为了密切地了解他们所代表的东西，曾制定出一套复杂方法，但在议会中显然没有这套方法，取而代之的是个人信仰和道听途说。遗憾的是，这使自然议会的构想失去了很多吸引力。但是，邀请政治主体进入广场进行决策行动并不是唯一的方法。另一种重新塑造政治的方法，就是去阿伦特认为政治不存在的地方寻找政治；也就是说，在"工匠"的工作中寻找政治，她认为这些手工劳动者制作的耐久物品能保护人类抵御"自然"；以及在"妇女和奴隶"的劳动中寻找政治，她认为这些人是为了生存而服从"自然"的存在。如果我们不把政治等同于作出决定，而是等同于探索替代方案，我们就有可能在这些地方寻找政治。

2011年，我参加了一场为医疗保健专业人士举办的食品会议。其中一位专家说，人类的健康是通过食用大量蛋白质实现的，大多数人，即使是在荷兰这样富裕的国家，也应该多吃蛋白质。他一边指着烤牛肉和烤鸡的图片，一边提醒听众们说，也许应该把**这些话**告诉他们的病人。在随后的问答环节中，他受到了挑战。"如果有一天我接受了你关于个人健康的论述，那么怎样养活全人类呢？如果地球上的每个人都按你刚才推荐的数量吃肉，我们需要好几个地球来实现这一目标。"说话者回应的声音中带着恼怒。不，对不起，他不知道全人类的情况，那是一个政治问题，他说道。他没有能力处理这个问题。他所能做的就是报告他的研究，而研究的关注点是个人健康。其结果就是这样一个事实：我们需要通过吃大量的蛋白质来获得健康。

在这里，演讲者试图将政治与他研究所得出的事实拉开距离。然而，来自听众的问题表明，要做到这一点并不容易，因为在研究实践的设置中本来就可能存在政治。演讲者所报告的研究将"个体"抽离出来，认为他们应该获得健康，并认为他们能够且愿意吃牛肉或鸡肉。它并没有涉及关于养活全人类、农场动物的命运和地球承受力的问题。因此，在研究中，演讲者提出的关于吃是什么的替代性操作化被移到了背景中，移出了我们的视线。该

里奥尔化（creolization）[1]及其他调和模式也还未得到充分的研究。

如果我将我希望扰动的哲学传统称为**西方**的，我并没有把这个术语用于我的田野调研。因为西方饮食是存在的，但不是在荷兰。在作为游客进行旅行时，我在北京偶遇了一家比萨店，该店以西餐为中心组织儿童聚会。所有的小客人都会自己准备比萨，然后学习怎么吃它：不是用筷子，而是用刀叉。讽刺的是，在纽约或阿姆斯特丹，比萨店会在厨房里将它们切成小三角形，因此"西方"的孩子往往**不用刀叉**吃比萨，而是用手吃。如果比萨在北京是西餐，那么它在纽约和阿姆斯特丹是美国菜或意大利菜。在新加坡的美食广场，有一些摊位打着印度、四川、广东、马来和印尼的招牌。其中，有一

---

[1] 指欧洲语言与殖民地语言的混合化。——译者注

研究中的"健康"并不是一个**自然**的现象。相反，它源自一个复杂的社会物质构型。它同时也依赖于一个特定的研究问题、愿意参与的研究被试、充足且具有可识别的蛋白质含量的食物供应、可记录被试食物摄入量的实验室技术人员、一些衡量和代表"健康"的容易测量的参数，等等。在其他的研究项目中，不同的现实被挑选、剥离出来作为关注的问题。

还是同一场会议。下一位演讲者并没有把"养活全人类"的问题当作不适当的政治问题而置之不理，认为这是一个科学应要解决的当务之急。[5] 为此，他的昆虫学家团队停止了与虫灾的斗争，转而加强对食用昆虫的研究。他说，在世界的许多地方，昆虫被当作美味佳肴来品尝。目前总共有近 2000 种昆虫可供食用。但是，他说，西餐在全世界越来越受欢迎，而西方人认为吃昆虫是可怕的、落后的，或者两者皆有。这削弱了全球各地食用昆虫的实践。他继续说道，这是一桩憾事，因为昆虫的味道很好，而且作为冷血动物，相比于目前养殖的动物，它们只需要很少的资源，就能生长出富含蛋白质的肉。牛将它们进食质量中略大于 10% 的质量转化为肉，鸡的该转化率接近 50%，而蟋蟀将它们所吃质量的 60% 以上转化为可食用的肉。听众又提出了一个问题：为什么要在蟋蟀身上绕远路？如果人类直接吃植物，不是效率更高吗？讲者回答说，如果用人类吃的食物来喂养昆虫，比如大米和豆类，或者胡萝卜，吃昆虫确实是绕远路。但是，昆虫如此有趣的地方在于，它们中的许多是靠食物残渣甚至肥料保持活力的。它们把不适合人类食用的材料变成了美味佳肴。

如果我们将"政治"作为一个关乎**他异性**的术语，主要不是指人与人之间的差异，而是组织社会物质现实的不同方式之间的差异，那么这个环境中就充满了政治。首先，该研究与之前的研究形成对比，不将个人的健康挑出来作为研究目标，而是将全人类的生存作为研究目标。然后，在呈现何为真实当中也存在着种种对比。例如，**吃**首先被设定为一种消耗资源的方式，但同时也被设定为给不同的食客带来或多或少的愉悦的东西。[6]这不仅是理解上的差异，也是实践上的差异。如果吃是一个消耗资源的问题，那么昆虫就是好的食物，研究团队必须解决的首要问题就是如何最好地养殖它们。相反，如果吃与吃的乐趣有关，那么还有一个额外问题需要解决，那就是如何说服"消费者"，尤其是所谓的"西方人"，告诉他们昆虫的味道很好。

家卖"西餐"的，卖的是大块的肉配上炸土豆条，这在美国被称为"法式炸薯条"（french fries），尽管在法国没人看得上薯条。不过话说回来，法国菜也不是统一的：布列塔尼和巴黎的食物之间存在着很大的差异。当我写到我的田野点大多位于**荷兰**，这也只是一个粗略的说法。我进行饮食护理相关观察的专业机构均位于荷兰12个省中。在我居住的城市，有很多商店提供超过50种有机种植的茶叶，但在寻常的荷兰村庄，情况却不是这样。具体的情况是分形（fractal）的。

我的田野调研的是以路径的形式，而不是某个地区的形式进行的。不过这没什么。我并不寻求将其"荷兰性"与我所回顾的哲学家们的"西方"源流相提并论。他们用法语、德语或荷兰语写作，他们的作品（多数）被翻译成了英语。但重要的不是其特定的情境性，而是作品对当今理论汇

133

185

　　F、Y和我三个人参加了一个由昆虫研究者组织的开放日，他们希望培养公众对昆虫的热爱。演讲厅里举行了很多场讲座，并配有幻灯片展示。其中一场讲座重申了我在上文会议中听过的与转化率有关的那些令人印象深刻的数字。演讲者坚持认为，养殖昆虫还有一个好处，那就是它不会引发动物权利问题。与鸡这一类动物不同，大多数昆虫**喜欢**在黑暗封闭的空间中大量、密集地生活。在大型的开放式大厅里，我们参观了一场昆虫展，这些昆虫被放在半透明的盒子里，作教育之用。我们了解到，展示的这些物种可以用食物残渣喂养，尽管为了简单起见，这里给它们吃的是胡萝卜。在室外的草坪上，有一个大帐篷，来自附近职业学校的一名烹饪教师正在那里监督几道菜的准备工作。当我们问起时，他告诉我们，这些菜是他为今天专程设计的。他引以为豪的是一道肉酱意大利面——肉酱中一部分是猪肉，一部分是面包虫。他相信，这道菜将使食用昆虫（最好是面包虫）过渡到对"更广泛的公众"具有吸引力。这是一个主要目标。我们也刚刚被告知，面包虫很容易养殖。然而，当我们品尝他的面包虫菜肴时，我们觉得它并不吸引人。相比之下，蟋蟀的味道很不错：烤过之后，它们有一种令人欣喜的质地和坚果般的味道。[7]

　　在演讲厅中，**吃**再次被设定为以更高或更低的效率利用资源的问题。而这一次，又多了另一个问题，那就是被吃的生物对它们不得不赖以生活的农业环境是否满意。鸡不喜欢挤在一起，但昆虫却完全可以在狭窄的环境中大群地生活。这一点，或者说这样的想法，支持了食用昆虫的观点，因为这意味着它们与它们的养殖环境没有龃龉。在楼下门厅的展览中，我们被邀请去亲眼看看它们的幸福生活。这种展览是否真的有助于使"消费者"适应食用昆虫值得怀疑。尽管看到这些小动物在彼此之间爬来爬去，可能不会引起人们对动物权利的担忧，但我们周围不断有参观者感叹说，看着这种成群的生命很可怕。我们再移步帐篷。在那儿，**吃**是作为一种潜在的愉悦进行的。为了让那些聚过来的人相信食用昆虫的快感，再一次，两种不同的策略被并列采用。当面包虫粉与猪肉末混合时，它们是被隐藏起来的，烹饪者希望这种使人信赖的外观和口味能让"更广泛的公众"相信这里没有任何令人不快的东西。另一种策略是提供可以轻易被识别出是蟋蟀的酥脆食物。这可能会更吸引营销人员口中的"大胆的食客"，他们渴望获得惊喜。我们通过忠实地顺应这一消费类别来满足他们的需求。

辑的影响方式。我所关心的是如何构建**存在**、**认识**、**行动**和**关联**。如果我提出了受到饮食启发的思考模型，它们的**他者性**并不与"别处"相关。相反，它是一种**内在**的他者性。我将**我的**吃与**我们**的哲学传统进行了对比。为了强调两者都具有地域局限，我向你介绍了一些从其他作者的著作中借鉴来的关于更远地方的**吃**的故事。坚持**内生的差异**是我论点的一部分，我不想在正文中介绍它们提供的启示。但我也不想隐藏这一点：在我的领域之外，**吃**的形态相当不同——不管从哪里开始或结束。20世纪的哲学人类学家们梦想着他们的人本主义具有普遍性，而本书侧边栏中的这些作品以旁白形式巧妙地打破了这个梦。它表明，随着时间的推移和传统的不同，人们不仅以不同的方式食用不同的食物，还赋予了**存在**、**认识**、**行动**和**关联**以不同的意涵。

134

以下是对理论的启示。政治不一定是口头的。它也可以是采取这样或那样的方式来处理事情，是以这种或那种方式使现实秩序化的**劳动**，[8]是把**吃**演成促进个人健康的手段或养育全人类，是选择把**吃**编排为"消耗资源"或作为"从美食中获得乐趣"的方式，是关注被食用生物的困境或忽略这一点，是提供熟悉的或令人惊喜的菜肴。它**是**什么，什么是好的，什么是相关的：这些都可以以这样或那样的方式**完成**。

在与吃有关的**劳动**中，评估总是隐含在其中。"吃**是**什么"的问题导向了**吃得好**意味着什么，如何看待这个问题，以及如何塑造它。[9]答案不一定通过语言表达，而可以以隐蔽的方式被提出，通过以这种或另一种方式行事，或以两三种方式同时展开。在一次会议中，这位演讲者可能会谈论个人，那位演讲者则谈论全人类。在一场讲座中，一张幻灯片可能展示资源转化的效率，而下一张则是关于动物的偏好。在一个开放日里，昆虫可能在大厅里被视觉化地欣赏，在边上的帐篷里则被当作食物提供给客人。帐篷中的自助餐邀请参观者们品尝面包虫混合肉糜，或品尝松脆的蟋蟀，或两者都有。**劳动的政治**不一定会产生符合一系列坐标的统一决议。它也可能采取动态共存和变动平衡的形式。[10]

这种不同秩序化模式之间的差异和对比是否能够称为**政治**，是一个概念策略的问题。一些学者认为，这样一来，"政治"这个词比它传统的用法拓宽了太多。他们倾向于将"政治"留给争论和辩论，留给各级政府的决策，它们会以这样或那样的方式涉及由官员全权裁定的会议。他们担心，如果像我在这里所做的那样，把不同的世界秩序化模式称为"政治"，那这些对比的阐述和政治化工作就被掩盖了。他们说，只有当事情变成一个**议题**并获得公众的关注时，才会**成为**"政治"。[11]这是一个比较公正的观点。的确，将未经言说的、特定的对比转化为明确表达的、共同的关注，会涉及大量的努力。

然而，直接将不同的现实秩序化的方式称为"政治"也有很大的好处。在当下的情境中，我想特别指出一个好处：它支持了这样一种野心，即扩大政治组织的构成，以将非人类囊括其中。如果我们把促进或阻碍这种或那种秩序化模式称为**政治**，那么所有参与情境当中的生物都参与了"政治"。人类会说话，其他生物则可能会以这样或那样的方式推拉现实，而无需使用人类的舌头。他们不需要语言，也仍然能对实践的展开拥有"发言权"。奶牛对资源的利用效率不高，却也辛勤地将人类无法食用的草

它们被嵌入不同的本体论中：吃是什么在不同的环境中是不同的。

随着全球各地的人们越来越紧密地联系在一起，普遍性已经失去了它从前的很多光芒。大多数所谓的**"他者"**，在说到他们自己时，坚持认为他们更喜欢按自己的方式生活。在这里，食物既是一种实际的关注，也是他们"自己的方式"可能意味着什么的有趣模型。以那些由于这种或那种冲击而集体挨饿的人群为例。国际组织提议，他们应该得到**食品安全**，也就是获得营养学所认为的**充足**的食物。然而，有关人士往往坚持认为，从长远来看，他们更偏向**粮食自主权**：他们想吃符合他们传统的食物，或他们自己进行的创造性适应。他们不希望由陌生人来规定他们的需求，而是希望以与他们自身需求相适应的方式生活。陌生的食物有可能导致他们偏离

变成奶和肉。鸡通过富有攻击性的表现，直接表明了它们对居住在狭窄的生活空间里的不满。蟋蟀则通过欣然食用大多数（但不是所有）食物垃圾来表明自己的立场。人类正是对这样的命题作出回应。农民如果发现自己在荷兰的围垦地太潮湿了，除了草以外什么都种不了，他们可能会请奶牛去那里吃草，也可能在某个时候开始担心奶牛体内的微生物群产生的甲烷。爱吃鸡蛋但也关心鸡的城市居民，可能会投票支持要求农民扩大鸡舍规模的法律。寻求供养全人类之道的研究人员可能会耐心地尝试发现哪种形式的食物垃圾最适于蟋蟀生长。但如果他们迫切需要作一个成功的展示，他们也可以在开放日期间给他们的蟋蟀吃胡萝卜。

阿伦特写道（正如我在上文引用的）："人类的身体尽管参与各种活动，最后还是会回到自身，只关注自身的生存，并且一直被囚禁于自然界的新陈代谢中，永远无法超越或摆脱自身运作的循环往复。"[12] 阿伦特指出了一个**循环**，并认为它会重复发生，但她无意间隐藏了人类"新陈代谢"所依赖的那些**劳动**，尽管她也很清楚这点。[13] 如果我们详细分析这种劳动，就会发现它不受自然法则的约束。相反，它可以采取不同的形式。然而，**吃**可以以这种或那种方式进行，并不意味着在劳动中人类可以设定自己的规则。在劳动中，我们不是"自由民"。也许有不同的方式来对实践进行秩序化，但这些实践是由许多人类之外的个体所共同组成的。因此，**劳动的政治**是培育的问题。它涉及持续不断的协商：在人类之间，协同其他的生物，转化顽固或脆弱的材料，并转化我们共享的地球。

这些协商并不取决于争论，它们是对实践进行微调。试一试就知道，有些事情能如愿以偿，有些则不然；有些事情我认同，但你不认同，或者反过来；有些事情在某一方面是好的，但在另一方面却不是。[14] 在没有更好选择的情况下，我们还要再次尝试，探索不同的生活方式，把它们进行对比，并寻求一种折衷。暂时会是这样。很快，新的摩擦就会浮现出来，这使协商又周而复始。没有一个循环会结束，没有一个结局可以一劳永逸，没有一个解决方案适合所有参与者。总是会有更多的滑移、紧张和意外。

实践上说，鉴于目前的饮食状况，我们迫切需要更好的方法来适应与我们共享同一个地球的其他生物。因为就目前而言，维系全球"食物系统"的劳动允许大量人类**存活**，但我们只居住在一个地球上，没有四个或五个，而且这个唯一一个地球的**可持续性**岌岌可危。在这一点上，较为温和的

自身。这与早期殖民时期西班牙人的恐惧形成了共鸣，他们互相警告说，吃他们口中所谓"印第安人"的食物会使他们失去欧洲人的特征，同时暗示"印第安人"吃西班牙食物可能会获得据称是欧洲人特征的生命力。同样，这也与现在在南美的美洲印第安人产生了共鸣，他们担心吃**白人**的食物会过度地把**我们**变成白人。同样，今天的奥罗凯瓦人表示，通过吃**白人**吃的东西，也就是**轻食**，奥罗凯瓦人可能会转变为**白人**。因此，吃陌生的食物既可能确实是、也可能**象征**着对不同群体希望保持的独特性的抹杀。

普遍性在理论上已经失去了光芒，这与全球化在实践中的运作方式有很大关系。所有人都应被平等对待的说法听起来很有希望。然而，这是为了对抗之前"西方"的优越性，但它已经变味了，而这至少有一个原因是所谓的普遍性是由

理论教训是，（社会物质的）**劳动**并不低于（话语的）**行动**。在旧有的人本主义等级制度中，劳动并不位于政治之下，它有自己的政治。这种特有的政治并不依赖于对话；相反，它事关以这种或那种方式做事。它并不取决于决定和选择，而是取决于尝试和调整。理想的情况是，它采取的是适应性和反馈性的修补，是持续的培育和永不停息的照护。[15]

实践的精神

编排饮食实践的政治——这一点很清楚——是由许多利害关系所决定的。它们关乎促进健康、分享资源、享受愉悦、我们食物的照护者的工作条件、被食用的生物的痛苦和快乐、可能被耗尽和侵蚀的土壤，当然还有在大多数地方越来越匮乏的水。你对这些事情了如指掌：报纸上铺天盖地都是，如果你想要了解更多，也有很多渠道。而我在这里想补充的是，吃的秩序安排方式对理论也有意义。它说明了一些问题。在写这本书的过程中，我一直把吃的情形作为用以思考的模型。这意味着我学会了对我遇到的每一种情形进行思考：它表达了什么，它提醒了我什么，它让我想到了什么。

138　　这里有一个头疼的例子。在这本书中，我回顾了哲学人类学。同时，我所参与的废弃物处理实践给人类例外论提供了一个物质形式。我的残余物被挡在我的吃所依赖的新陈代谢循环之外。我吃了东西，但我并没有被我所吃的那些东西吃掉。甚至我的尿液和粪便也没有被用来给农田施肥。

第六章 智识的食材

在离我家不远的地方，我参观了一个大型博览会，很多家技术公司在那儿展示水处理技术。闲逛时，我看到一些平整的照片，上面有诱人的水和喝水的美女，还有阳光明媚的地球，它不知怎的浮在其蓝色海洋上，河流在闪闪发光的岩石间流淌，背景是美丽的树林。但他们销售的东西大多是由坚固的金属（管道和泵）和彩色塑料（形成微生物可以附着的表面）制成。大厅很大，而在一个偏厅里，我发现了一个名为"循环经济"的演示。它描述了一个从废水中捕捞卫生纸以便重新使用其中的纤维素的实验。负责演示的人解释说，在销售这种纤维素方面存在一个问题：市场上有一种羞涩感。有关的工厂担心，即使作为制造尿布的资源，"回收利用卫生纸"听起来也并不诱人。人们对于磷酸氨镁也有类似的害羞心理，它是从人类尿液和粪便

西班牙语、葡萄牙语、法语、德语、荷兰语或英语来框定的。尴尬的混合体随之而来。以向危地马拉高地的人们提供个人主义营养建议为例，它干扰了公共饮食的实践。或者以跨国公司为软饮料做的巨大广告牌为例，它们比专业保健人员对糖分摄入的警示公告要显眼得多，并且色彩鲜艳。虽然在危地马拉高地，玉米广受赞美，并被制成玉米饼，成为每顿饭的主食，但这也不是一种普遍的偏好。现今的桑布鲁人从不向往吃玉米。他们更喜欢牛奶和肉。只有在这些食物不够吃时，他们才回过头来喝朴素但味同干柴的玉米粥。独特性听起来比味同干柴要吸引人。那么，如何培养独特性？在印度，医生们以一种引人注目的方式做到了这一点。他们宣称，"人的身体"不等于"人类"：他们坚持**印度人**身体的特殊性。他们降低了正常体重、超重和

139　　中提取的含磷混合物。目前，荷兰只有几家废水处理厂生产磷酸
氨镁，希望将其作为肥料卖给农民。但到目前为止，我的信息提
供者说，"公众"并不喜欢把"他们的排泄物"用来种植之后成为
他们食物的植物。

　　他的话激发了我的研究好奇心。"公众"真的不愿意让他们的
代谢废物重新进入代谢循环中吗？如果是这样的话，我们对此可
以做些什么呢？为什么生活在污水处理厂下游河流沿岸的人们没
有类似的焦虑？他们中的一些人甚至在这些河中游泳。我能提出
很多的问题。然而现在，由于我身处的基础设施的安排，我的残
余物被我生命所依赖的食物网驱逐了出去。这实际上增加了其他
一切潜在可食用物的损失，增加了挥霍和浪费。过剩的食物被焚
烧，而不是被喂给猪或昆虫。至于肥料，其开采先是使当地的景
观付出巨大的代价，然后又从农田流向大海。这是令人痛心的。
如果**我**的尿液和粪便被收集起来，（经过一些巧妙的处理后）用来
给农田施肥，我就不会觉得这有什么刻意的成分。但问题不仅仅
是物质上的。它也是理论上的问题。我的尿液和粪便没有被利用，
而是被挥霍。这说明了一些问题。它表明我是一种特殊的例外生
物，一个可以吃其他生物的人，但她自身却注定不会变成食物。

　　不仅是我的尿液和粪便被浪费了。我终将成为的尸体也有可
能被排除在循环之外。[16]

　　在一份为政策听众准备的关于"自然"的演讲稿中，我写道，
我希望一旦我死亡，我的尸体能重新回到使我的生命成为可能的
食物网中。为什么要把尸体安放在墓地里？为什么要烧掉它们？

194

我宁愿被蠕虫、真菌和微生物吃掉，这样我的残余物就可以使苹果园、西兰花田或草地的土壤变得肥沃。然而，当我们在我的研究团队中讨论这份草稿时，我的同事们说，这段话不符合当下的语境。我最好要提醒听众关于化石燃料开采中的水力压裂技术或大量燃烧化石燃料等糟糕做法的生态问题。我应该谈论核电站的堆芯熔毁，或者如果我想让我的例子与食物有关，就可以谈磷矿开采所留下的一片狼藉，或者紧随其后的含磷杀虫剂造成的后果。总而言之，从实际层面讲，与我尸体有关的问题并不重要。这当中还有第二个问题。对**我**来说，从构成尸体的物质这方面去谈论我未来的尸体没有问题，但这可能会冒犯到那些把精神价值附加到他们尸体身上的人。我看到以上这些观点的中肯，就把那段话删掉了。[17]但我却忘不了话里的观点。当然，

肥胖之间的显著分界点，以适应当地的现实情况，他们用科学的语言来逃避科学的普遍性约束。

仔细关注歧义的情况——无法翻译的术语、以不同方式演成的现实、不合情理的欣赏态度——破坏了全球**平等**的梦想。本书的侧边栏是为了树立鲜明的旗帜：**我的**吃不是**全人类**的吃。它们所呈现的**他者性**强调了**我**田野点的地域性。但是，尽管认识到自己的情境性是一种急需的谦逊，"他者"是什么不一定得是封闭的。区分不一定需要固化。如果在哲学人类学中，**吃**是思维的**他者**，它仍然可以被用作理论灵感的来源。尽管它可能常被认为是一种可以随时放弃的快感，但它也可以被设定为一种共享的任务，诸如此类。也许我们对歧义不仅可以采用**控制**的方式，还可以与它们一同**游戏**。以"功效"的概念为例。也许我们

140

如果我的尸体通过蠕虫、真菌和微生物的中介作用，转变成苹果树、西兰花或美味的芳草，这对拯救地球没有什么作用。但我想的是把我的肉体作为食物献给未来生物的象征性力量——也可以说是它的精神特质。

像我这样的人类可能会携带奇怪的寄生虫，但我们倾向于用药物来驱除。细菌和病毒大多不会威胁到我们的生存。大型掠食者大多会被我们避开。我们不会被残酷地吃掉。即使是我们的尸体，也不会被当作良好的食物。相反，人类被抛出了他们有可能在其间继续流动的循环，他们本可以在其中增加一些劳动，减少一些损失。无论导致这种浪费的原因是什么，它以一种物质的形式表达了这样一种观点：人类并不是生活在地球上，也不有赖于地球生活，而是以某种方式独立存在。他们，我们，可以自由地吃掉一个地球，甚或四个地球，这无所谓，反正我们不会反过来被吃掉。这重申了一个姗姗来迟的等级模型，在这个模型中，人类是特殊的例外生物。而我宁愿用我的身体和我的文字，说些不同于此的观点。

重新审视思考

吃东西需要带着更多的欣赏，但这并不意味着思考就应该被蔑视。当我希望重估劳动的价值时，我并不是要为前语言的、肉体的身躯唱赞歌。人类的吃不是前语言的。在餐桌上，我和我的女儿在大口吃东西的间隙交谈。她的问题"你加了姜吗？"改变了我们品尝的汤，并把两个进食的身体变成了共享一餐的女儿和母亲。或者举另一个例子，如果研究人员使用**蛋白质**这个术语，这

141

会对他们的实践造成影响，尽管这种影响可能会在不同的方向发生。这可能意味着"蛋白质"得到了全部关注，而构成"蛋白质来源"的动物们的命运却被忽视了。此外，使用"蛋白质"这一术语也使研究人员可以坚持说吃昆虫比吃牛肉消耗更少的资源，造成更少的浪费，或声称吃米饭和扁豆的素餐可以为人们提供充足的"蛋白质"。但是，如果说这个词可以在不同的方向上推拉饮食实践，它的用途也是有限的。谈论"蛋白质"并没有提出谁烹饪的问题。它从来没有表明令人舒适或惊讶的味道会带来愉悦。如果我在长途跋涉中感到饥饿，我往往会渴望吃麦片或带奶酪的饼干。我渴望的不是"蛋白质"，而是具体的食物。

言语是实践的一部分：它们有助于塑造正在进行的工作。因此，注意我们使用的术语，探索它们所带来的世界很重要。

可以把这个概念从为理想化的贤君提供建议的中国经典文本中分离出来。也许**我们**也可以从中学习。它可以激励**我们**更好地关注事物的味道，不管**我们**是谁。或者它可能会鼓励**我们**调和争端与愉悦、伦理与美学、果断与节制。也许**我们**甚至可以学着放弃僵化的统一之梦，而珍视拼凑与复调。**他者**还可以激励**我们**停止抹杀**他者性**，包括他者的他者性以及内在的他者性。

如果术语不合适，如果伴随它们的效果不受欢迎，我们有各种解决办法。其中一种方式是通过把它们放到引号里，使自身与它们保持距离——就像我对"自由民"以及"妇女和奴隶"所做的那样。阿伦特使用这些在古希腊很显眼的术语，好像它们在当今仍有意义。当我重温她《人的境况》一书时，我将这些词语放在引号中，以表明这些不是**我的**话。我与它们保持距离，因为它们表明了"自由"———一种以独立于他人为标志的状态和"奴役"——人被迫屈服的状态间的对立。我在这本书中引用的种种饮食情形扰动了这种对立。因为主人公的生存依赖于他人，包括照护了他们食物的其他人，以及形成这些食物的其他生物。而无论是这类其他人，还是供食用的生物，都不完全处在所谓主人公的控制之下。它们有自己的倾向性，它们会反抗。那么，人的境况并不是那么容易被拆解的，而是以贯穿始终的相互依赖和摩擦为标志的。那么，"女人"这个类别呢？"男人／女人"之间的区分是相当顽固的。事实上，它对描绘家族系谱至关重要，在族谱图中，男人和女人一次又一次地共同产生后代。但是，这一区分在其他地方有那么重要吗？为了摆脱社会对性的迷恋，当我考虑吃和可食用性时，我将男女之分放在一边。这些概念涉及各种其他的划分和分工。因此，我给"男人"和"女人"加上了引号。

但是如果术语可以被质疑，它们也可以被修改。这就是我在本书中试图对**存在**、**认识**、**行动**和**关联**所做的工作。从吃的情境中获得灵感，我试图对它们进行重新想象。要不我来作个总结？我很犹豫要不要把我分析所得的结论与它们所产生自的故事分开。但我可以试一试。

142

存在不一定体现为一个人穿过他的寓所或走过他周围的地盘。相反，如果我们从吃中获得灵感，那么这里所**是**的**我**穿过半渗透性的边界与她的周围环境进行物质交换。在特定的地方，这些界限会被穿越，这样一来，原来在外面的东西就移动到了里面，而原来是他者的就成为了我的一部分。与此同时，或随即，原本是我的东西，也可能被驱逐和成为他者。这种由不稳定的**存在**形式折叠进其自身内部的东西可能来自不同的地方，或近或远。**我的**残余物也分散在各处。这种**存在**依靠他者的能量保持活力。它通过改变其质料来维持其形式。它的界限不是由它的皮肤构成的，而是形成自它生命的有限性。

认识不一定从一定距离外进行。在吃的情形下，知觉和感觉可能会相互渗透，这使被知觉的外部世界和身体的内部感觉交织在一起。伴随着吃而产生的**认识**来自专注和不断适应。它涉及事实，也涉及价值：确定事实与评估价值同时进行。吸引着欣赏性兴趣的客体是流动的：从被吃的东西，流向在场的人，流向那一刻，流向世界之中。没有什么是一成不变的。与吃有关的**认识**是具有转化性的。我能调整食物以适应我的口味，我也可以调整口味以适应食物。当我品尝食物时，它变成了我的一部分。但这个循环不是简单的良性循环：我的快乐也可能变成厌恶。我爱你，我又不爱你了。我对你垂涎不已，你却又让我感到恶心。从我的吃中产生的**认识**，以不完全可预测的方式，转化了所有牵涉其中的主体和客体。

行动并不一定像经过专门训练的自主肌肉那样可以被很好地

控制。吃的情境有助于强调，"行动"也可能采取一种反复迭代的形式：开始，停止，再次开始，但以一种不同的方式。这种探索式的**行动**不仅仅是**我的**行动，它涉及很多远超我身体皮肤之外的行动者。他们在这里和那里，此时和彼时。他们于现在行动，在过去行动，在未来行动。他们为我做事，或对我所做的事作出回应。他们使一些行动得以展开，并阻挠其他行动。以我的吃为模本的**行动**也许朝着一个目标努力，但如果目标达成了，它很可能是以别的不利影响为代价的。更重要的是，将理想的结果与不尽如人意的副作用分开并不总是容易的。**行动**往往是模棱两可的。它坏，但不只有坏处；它好，但不只是好的。它不是对每个人都好。它可能不够好。**行动**悬在复杂的规范性力场中，不断地进行着。它永不停歇。

　　关联不一定要以族谱为模本，也不一定要以家庭生活为模本。吃下肉之后，我并不停留在餐桌旁。我摄入了它们，或者至少是它们的一部分。同时，我的吃影响了它们物种的生存，无论是好是坏。我的索取是生成性的，但我的给予是服务于我自身的。我的爱伴随着暴力。此外，虽然我会找合我胃口的东西吃，但目前的农业现状对其他生物来说并不那么适合。对那些被吃的生物来说是这样，对那些不能吃到我所吃之物的生物来说更是如此，它们无法生活在专门种植我食物的土地上。我们相互竞争，我赢了，一次又一次赢了。但在以吃为线索的**关联**模型中，所有这些胜利都是自毁式的。消灭他人的结果是侵蚀了我生命所依赖的可能性条件。

等级制度标志着西方哲学传统的特点。首先，理论被上升到实践之上。在理论中，抽象之物高于具体之物，普遍性胜过具体的例子。清晰和明确是美德，诱导和唤起是恶。明确定义的概念比流动的、可调整的术语更好。最重要的是命题，是论证。本书以及目前已完成的其他相关作品脱离了这些等级制度。其做法是把重点放在理论得以产生的环境，探索一些使思考成为可能的元素：词语、模型、隐喻和范例情境。我刚才的小结可能会让人觉得，我最终所追求的是为**存在**、**认识**、**行动**和**关联**提供新的定义。将这些术语从产生它们的故事中抽象出来是可以的。但这个结尾不是一个结论，不是这本书最终止于的归宿。相反，它提供了一个开端。读者，如果你在这里发现了任何鼓舞到你的东西，请跟着它飞奔吧。没有必要全盘接受我在重新想象**存在**、**认识**、**行动**和**关联**方面的尝试。请你通过任何可能的方式，把它给你带来的任何启示，调整和应用到你自己的情况和你自己的关切之中。我可以再用食物打个比方吗？布丁好不好，吃了才知道。

致　谢

　　本书中的思考是由一个分散的、集体性的大脑完成的。我衷心感谢"吃的身体"团队，多年以来与我一起探索吃的内在和外在，他们是：安娜·曼、塞巴斯蒂安·亚伯拉罕森、菲利波·贝尔托尼、埃米莉·叶茨·杜尔、米凯利斯·康托波迪斯、埃尔塞·沃格尔、丽贝卡·依班娜·马汀以及克里斯托布·伯纳利，以及提醒我们吃并不是生活全部的蒂特斯克·霍尔特罗普、卡罗来纳·多明格斯、哈桑·阿什拉夫、杰尔特耶·斯托布、奥利弗·休曼和安娜利科·德里森。我还要感谢贾斯汀·劳伦特、乌尔丽·克斯科尔特斯、伊格纳茨·肖特、阿尔谢尼·阿伦切夫、玛丽亚·施赫格罗维托娃以及曼迪·德·王尔德，他们为我们的探究提供了更多的方向。感谢门诺·马里斯、毛里奇亚·梅扎和曼迪·德·王尔德（再次感谢）为参考文献提供的帮助。玛丽安·德·赖特也是我们往来不断的客人。还有许多参与了几个月或一两次研讨会或讲习班的人们——他们太多了，无法一一列举。感谢你们所有人，感谢你们带来的灵感。

致　谢

感谢阿姆斯特丹大学人类学系其他成员，特别是安妮塔·哈登、阿玛德·姆查雷克、马蒂斯·范·德·波特、安丽丝·摩尔和珍妮特·波尔斯，以及我系的中心人物穆里尔·基泽尔。感谢那些在我的指导下对食物相关事物进行研究的硕士生，尤其是弗兰克·赫特；感谢那些参与我田野调研方法课的博士生们，以及众多参加步行研讨会（Walking Seminar）的人们。

从过去到现在，我都离不开阿姆斯特丹社会科学研究院（AISSR）团队的支持，特别是何塞·科曼、约米·范·德尔·维恩、雅努斯·欧乌曼、卡琳·克拉尔、洛特·巴特拉安、乔安妮·欧克斯、贝亚·克伦、阿利克斯·尼乌文赫伊斯、尼科尔·施哈普、特恩·毕吉特和埃尔芒斯·梅特普。我还要感谢我的朋友米克·阿兹和基尔特耶·马克，她们两人一直是我交流辩论的伙伴，也是我最早的读者。埃里克·里特维德、利弗·休曼、埃尔塞·沃格尔、安娜·曼，和曼迪·德·王尔德也全部或部分阅读了该书稿的某一版。菲利波·贝尔托尼甚至对全文进行了两次批注。整个过程中，西蒙·科恩给予了我充满激情的指导。约翰·劳对我写的所有章节读了又读，提出意见，并纠正了我的英语。我实在有太多的感激。海伦·福勒在最后一刻对全文作了最后一轮编辑——这是一种恩赐。

特鲁迪·德宇和阿迪·普林斯，我该把你们放在哪呢？谢谢你们！

至于这本书早期的一些片段，我曾将它们呈现给了各种人类学家、社会学家、地理学家、哲学家和偶遇的他人，他们位于阿姆斯特丹、格罗宁根、瓦赫宁根、马斯特里赫特、美因茨、波鸿、柏林、哥本哈根、奥胡斯、巴黎、剑桥、牛津、伦敦、兰卡斯特、爱丁堡、林雪平、纽约、安娜堡、伯克利、斯坦福、戴维斯、克莱蒙特、新加坡、东京、悉尼、北帕默斯顿、达尼丁和皇后镇。我无一例外地收获了很有帮助的反馈。如果要一一列举，名单就太长了。亲爱的同事们，希望你们能接受一份没有指名道姓的感谢。

感谢我的摩尔家族，包括海尼根的一支，给予了我长久的支持。我的范·利斯豪特家族在很近的地方目睹着我为这本书奋斗。彼得也一直鼓励着我，即便我们已不再是伴侣。我的孩子们忍受着我智识上的奇异激情，并在家中和旅行中不断向我指出**素材**。伊丽莎白允许我深思熟虑地砍掉几次约饭。这个项目开始时，约翰内斯好奇地询问我，为什么有人愿意为我和"吃的身体"团队所做的工作付钱。事实上，这的确不是不言自明的。

因此，感谢荷兰纳税人，使我得到来自荷兰研究理事会经费资助的"好信息，好饮食"项目，它给了我梦想出这个项目的机会，也感谢斯宾诺莎奖的资助，使我能够继续扩大这个项目。感谢欧洲纳税人，让我获得了欧洲研究理事会高级项目 AdG09 的249397 号资助，研究课题为"西方实践和理论中的饮食身体"。感谢所有为这些经费机构工作的工作人员、委员会成员和评审员们。

同时也感谢出版社的两位匿名审稿人提出的详尽意见和建议。感谢所有在杜克大学出版社为此工作的人们，他们将这些文字精美地包装，使它们可以被运输！

最后，我当然还要感谢所有允许我观察其饮食的人们，感谢那些接受我访谈或者教我饮食知识的人们。这是另一个很长的、不具名的名单。它包括在过去十年中与我一起吃饭的所有人。他们没有签署知情同意书（这有助于保持互动的流畅，并保证了他们的匿名性），但我在日常工作中时不时也会说一句："注意，我在做田野调研！"这种特定的田野工作现在已经结束了。但我仍然感谢那些关照我饮食的人们，以及我所吃的许多生物的果实、根、叶、种子、蛋、奶和肉。

注 释

第一章

1. 众多例子中的一些，见 Charis Thompson, "When Elephants Stand for Competing Philosophies of Nature: Amboseli National Parc, Kenya," in *Complexities*, ed. John Law and Annemarie Mol (Durham, NC: Duke University Press, 2002); Thom van Dooren, *Flight Ways: Life and Loss at the Edge of Extinction* (New York: Columbia University Press, 2014); Marianne Lien and John Law, "'Emergent Aliens': On Salmon, Nature, and Their Enactment," *Ethnos* 76, no.1 (2011); Lesley Head, Jennifer Atchison, and Catherine Phillips, "The Distinctive Capacities of Plants: Re-thinking Difference via Invasive Species," *Transactions of the Institute of British Geographers* 40, no.3 (2015); Hugh Raffles, "Twenty-Five Years Is a Long Time," *Cultural Anthropology* 27, no.3 (2012)。

2. 针对这一主题，见十分优秀的 *Dictionary of Untranslatables*，它追溯了哲学术语在不同语言之间发生了什么: Barbara Cassin et al., *Dictionary of Untranslatables: A Philosophical Lexicon* (Princeton, NJ: Princeton University Press, 2014); 亦可见 Annemarie Mol and John Law, eds., *On Other Terms*, Sociological Review Monograph (2020) 中收录的论文，以及现已出版的

Eating Is an English Word 的仍在写作中的另一卷，它涉及一些与食物愉悦有关的语言学特征。

3. 例如，见 Annemarie Mol，"Care and Its Values：Good Food in the Nursing Home，"in *Care in Practice：On Tinkering in Clinics，Homes and Farms*，ed. Annemarie Mol，Ingunn Moser，and Jeannette Pols（Bielefeld，Germany：Transcript Verlag，2010），215；以及 Else Vogel and Annemarie Mol，"Enjoy Your Food：On Losing Weight and Taking Pleasure，"*Sociology of Health and Illness* 36，no.2（2014）；Sebastian Abrahamsson et al.，"Living with Omega-3：New Materialism and Enduring Concerns，"*Environment and Planning D：Society and Space* 33，no.1（2015）。

4. Hannah Arendt，*The Human Condition*（1958；repr.，Chicago：University of Chicago Press，2013）.

5. 在荷兰高校系统中，学生进入大学后不会体验不同学科的课程。在完成中学学业后，我们会进入一个单一的学科学习，不需要专门的申请程序，只需要一张针对目标大学的中学文凭。我在大学第一年学习医学，但我渴望获得更多的思考工具。因此，在第二年，我开始学习第二门学科，即哲学。

6. 在近来的学术研究中，古希腊的"妇女和奴隶"是否共享相似的命运存在争议。如果考虑到宗教习俗与公民身份有关，那么妇女（当然是雅典的妇女）比那些在战争中被俘、从而拥有奴隶身份的人处于更好的地位。见 Josine Blok，*Citizenship in Classical Athens*（Cambridge：Cambridge University Press，2017）。

7. 其他女性主义者对阿伦特作品的解读则大相径庭，她们关注其他的要素，甚至从中获得女性主义的灵感。见 Honig，ed.，*Feminist Interpretations of Hannah Arendt*（University Park：Penn State University Press，2010）中收录的论文。这表明，把"理论"（更不用说"理论家"）当作连贯的整体来对待是有问题的。

8. Arendt，*The Human Condition*，246.

9. 在古希腊城邦中，战俘被赋予"奴隶"的地位，而"自由民"则被这样的恐惧所困扰：如果他们终有一日输掉战争，他们将不再是"自由民"，而是别人的奴隶。关于这种恐惧在希腊哲学中留下深刻印记的论点，见 Tsjalling Swierstra，*De sofocratische verleiding：Het ondemocratische karakter*

150

van een aantal moderne rationaliteitsconcepties（Kampen，Netherlands：Kok/Agora，1998）。因此，身为奴隶是这样一种社会地位：如果运气不好，每个人都可能居于这种社会地位，而且它不与其他区分，诸如身体上的区分相联系。即便如此，后来伴有种族化的奴隶制也从古希腊奴隶制中继承了很多东西。关于这一点，见 Enrico Dal Lago and Constantina Katsari，eds.，*Slave Systems：Ancient and Modern*（Cambridge：Cambridge University Press，2008）。

10. Arendt，*The Human Condition*，312—313。

11. 在这里，阿伦特忽略了一个事实，即基督教也有这样一个生动的传统，即通过挨饿来净化自己，达到成圣。见 Caroline W. Bynum，*Holy Feast and Holy Fast：The Religious Significance of Food to Medieval Women*（Berkeley：University of California Press，1988）。

12. Arendt，*The Human Condition*，115。

13. 这一点在学术文献中有明确的提示，并通过罗马俱乐部（Club of Rome）的报告等出版物传达给了普通读者。这里是第一份报告：Donella Meadows et al.，*The Limits to Growth：A Report to the Club of Rome*（New York：Universe Books，1972）。

14. 关于这一点以及笛卡尔对节食之投入的其他细节，见 Steven Shapin，"Descartes the Doctor：Rationalism and Its Therapies," *British Journal for the History of Science* 33，no.2（2000）。对于一系列关于自己的身体之于现代早期科学家的重要性的奇妙研究，见 Christopher Lawrence and Steven Shapin，eds.，*Science Incarnate：Historical Embodiments of Natural Knowledge*（Chicago：University of Chicago Press，1998）。

15. 这本书脱胎于作者对一个活跃的妇女组织的成员所作的一次演讲。见 Frederik J. J. Buytendijk，*De vrouw：Haar natuur，verschijning en bestaan*（Utrecht：Het Spectrum，1951）。

16. 1971 年以荷兰语出版，1974 年以英语出版。后来的重印本见 Else M. Barth，*The Logic of the Articles in Traditional Philosophy：A Contribution to the Study of Conceptual Structures*（Dordrecht：Springer Netherlands，2012）。

17. 在这样做的时候，他们把自身建立在区分身体特征和使殖民统治合法化和便利化的早期人类学传统之上。在许多同类作品中，请参见 Henrika Kuklick，*The Savage Within：The Social History of British Anthropology*，

1885—1945（Cambridge：Cambridge University Press，1991）；Robert J. Young，*Colonial Desire：Hybridity in Theory，Culture and Race*（London：Routledge，2005）；以及 Peter Pels and Oscar Salemink，eds.，*Colonial Subjects：Essays on the Practical History of Anthropology*（Ann Arbor：University of Michigan Press，2000）中收录的论文。

18. 这与其他地区，尤其是美国或南非有明显的不同。两国都有种族隔离和相关剥削的历史，尽管没有纳粹那样大规模的系统性谋杀。然而，欧洲的种族主义并没有随着**种族**一词的消失而消失；它只是被隐藏在其他术语中，并在不同的欧洲国家采取着不同的形式。关于这一点，见 Amâde M'charek，Katharina Schramm，and David Skinner，"Topologies of Race：Doing Territory，Population and Identity in Europe，" *Science，Technology，and Human Values* 39，no.4（2014）；以及 Francio Guadeloupe，*So How Does It Feel to Be a Black Man Living in the Netherlands? An Anthropological Answer*（forthcoming）。

19. 关于这一点在荷兰的特定情形下是如何上演的，见 Dvora Yanow，Marleen van der Haar，and Karlijn Völke，"Troubled Taxonomies and the Calculating State：Everyday Categorizing and 'Race-Ethnicity'—the Netherlands Case，" *Journal of Race，Ethnicity and Politics* 1，no.2（2016）；Amâde M'charek，"Fragile Differences，Relational Effects：Stories about the Materiality of Race and Sex，" *European Journal of Women's Studies* 17，no.4（2010）；以及 Amâde M'charek，"Beyond Fact or Fiction：On the Materiality of Race in Practice，" *Cultural Anthropology* 28，no.3（2013）。

20. 关于美国和日本的比较，见 Margaret Lock，*Encounters with Aging：Mythologies of Menopause in Japan and North America*（Berkeley：University of California Press，1994）。关于遗传和环境如何相关的问题，见 Jörg Niewöhner and Margaret Lock，"Situating Local Biologies：Anthropological Perspectives on Environment/Human Entanglements，" *BioSocieties* 13，no.4（2018）。关于身体从一个地方到另一个地方后如何变得不同，以及"身体"演成的方式也如何变得不同，见 Emily Yates-Doerr，"Counting Bodies? On Future Engagements with Science Studies in Medical Anthropology，" *Anthropology and Medicine* 24，no.2（2017）。

152

21. 尽管这种划分太过迅速，但实际研究往往混合了这些风格。研究食物的人类学家可以轻易地在其所谓的物理、社会和文化意义之间转换，同时也提出相关的术语。真正的经典之作，见 Audrey I. Richards, *Hunger and Work in a Savage Tribe: A Functional Study of Nutrition among the Southern Bantu*（1932; repr., London: Routledge, 2013）；以及 Mary Douglas, ed., *Food in the Social Order*（1973; repr., London: Routledge, 2014）。

22. 科学从哲学中分离的过程的时间线拉得很长，而且远非线性。大致上，自然科学在 18、19 世纪获得独立，社会科学在 19、20 世纪获得独立。但是在荷兰，直到 20 世纪 50 年代之前，心理学仍然在哲学系中。关于有趣的科学史，见 Chunglin Kwa, *Styles of Knowing: A New History of Science from Ancient Times to the Present*（Pittsburgh: University of Pittsburgh Press, 2011）；而人文科学的历史在"科学"史中常常被跳过，见 Rens Bod, *A New History of the Humanities: The Search for Principles and Patterns from Antiquity to the Present*（Oxford: Oxford University Press, 2013）。

23. 关于瑙塔对这个术语的使用，见 Lolle W. Nauta, "De subcultuur van de wijsbegeerte: Een privé geschiedenis van de filosofie," *Krisis* 38（2006）。在一本纪念他的文集中，我拾起了这个词，并对它进行了阐述。见 Annemarie Mol, "Ondertonen en boventonen: Over empirische filosofie," in *Burgers en Vreemdelingen*, ed. Dick Pels and Gerard de Vries（Amsterdam: Van Gennep, 1994）。至于一个更详尽的阐述，我写在（当时仍然完全是荷兰语的）《危机》期刊上，当时其副标题是"经验哲学学刊"（后来它又去掉了这个副标题），见 Annemarie Mol, "Dit is geen programma: Over empirische filosofie," *Krisis* 1, no.1（2000）。

24. 最近的版本见 Ludwig Wittgenstein, *Philosophical Investigations*（1953; repr., Hoboken, NJ: John Wiley & Sons, 2009）。对于后者（以及在它之前几年的课程笔记）的一个有趣解读，认为维特根斯坦为各种知识的社会学（包括科学知识在内）提供了可能性，见 David Bloor, *Wittgenstein: A Social Theory of Knowledge*（New York: Columbia University Press, 1983）。

25. 关于所涉及的书写历史的方法，以及特定的话语与它们的可能性条件会随时间推移一起出现和消失的观点，见 Michel Foucault, *Archaeology of Knowledge*（1969; repr., London: Routledge, 2013）；关于对历史上作

为"疯癫"的对立面而出现的"常态"的详尽探究，见 Michel Foucault，　153
Madness and Civilization（1962；repr.，London：Routledge，2003）；关
于与常态化过程及其所需要的治理模式之间的联系，见 Michel Foucault，
Discipline and Punish：The Birth of the Prison（1975；repr.，New York：
Vintage Books，2012）。关于对语法中常态化的分析以及这在法国意味着
什么，见 George Canguilhem，*The Normal and the Pathological*（1966；repr.，
Cambridge，MA：MIT Press，1989）（这个问题是在 1966 年出版的法文原版
第二版中新增加的一章中讨论的）。

26. 见 Thomas S. Kuhn，*The Structure of Scientific Revolutions*（Chicago：
University of Chicago Press，1962）。在科学哲学中，对材料的反思比其他一
些哲学分支更为广泛。这里的争议点是**哪些**材料最重要：是最终的理论和作
为其基础的论据，还是提出的问题和为回答这些问题而编排的实践？

27. 关于洛克和财产，见 Barbara Arneil，"Trade，Plantations，and Property：
John Locke and the Economic Defense of Colonialism，"*Journal of the History of
Ideas* 55，no.4（1994）。

28. George Lakoff and Mark Johnson，*Metaphors We Live By*（Chicago：
University of Chicago Press，1980）.

29. 关于这些故事，见 Michel Serres，*Le Passage du Nord-Ouest*（Paris：
Éditions du Minuit，1980）。关于对米歇尔·塞尔作品的有趣易懂的介绍，见
布鲁诺·拉图尔对他进行采访所成之书：Michel Serres and Bruno Latour，
Conversations on Science，Culture，and Time（Ann Arbor：University of
Michigan Press，1995）。

30. 在这里，为了简单起见，我介绍了塞尔的布、流体和火的模型。在
他广博的作品中，他也使用了许多其他能够唤起人们的意象。其中就有寄
生虫的形象。法语中的"寄生虫"（parasite）指一种从内部吞噬宿主的物种，
亦指一种不请自来的人类客人，以及信息所伴随的无意义噪音。塞尔用这
些同等的干扰者来批判社会科学和经济学对清晰、公平和无摩擦的交换的
可能性的幻想。见 Michel Serres，*The Parasite*（Minneapolis：University of
Minnesota Press，2013）。

31. 关于这一点，见 Michel Foucault，*The History of Sexuality*，vol. 2：
The Use of Pleasure（1985；repr.，New York：Vintage Books，2012）。这本书

被解读为福柯在赞美希腊男人所进行的特定自我照护。但他也广泛地评论了各种隐含的问题，例如与自我赞美的"自由民"发生性关系的男孩、奴隶和妇女。福柯所关注的与其说是古希腊环境的特殊性，不如说是**他者性**本身的可能。

32. 关于"女人"的更多版本，以及我在这里引用的文章（最初发表于1985 年）的英译本，见 Annemarie Mol, "Who Knows What a Woman Is ...: On the Differences and the Relations between the Sciences," *Medicine*, *Anthropology*, *Theory* 2, no.1（2015）。

154

33. 之后的作品坚持认为，这不仅对女性、男性及潜在后代有不同的影响，对其他实体对象也有不同的影响，比如为避孕套和避孕隔膜的生产提供材料的种植园里的橡胶树，或者被服用避孕药的妇女所分泌的荷尔蒙影响到的鱼，等等。关于这一点，见 Max Liboiron, Manuel Tironi, and Nerea Calvillo, "Toxic Politics: Acting in a Permanently Polluted World," *Social Studies of Science* 48, no.3（2018）。

34. 这里使用的**多重**（multiple）一词是为了区别于**多元**（plural）一词。在多元主义中，不同的**实体**构成了一个多元体，而每一个实体都是独立的。相比之下，多重性表明，一个实体的不同**版本**可能会**在此**发生冲突，而在**其他地方**则是重叠或相互依赖的。关于这一点，见 Annemarie Mol, *The Body Multiple: Ontology in Medical Practice*（Durham, NC: Duke University Press, 2003）。

35. 在我早期关于多重性的作品中，我使用了**本体论**（ontologies）这一术语——取复数形式——来干扰这一想法：一个单一的"本体"先于关于它的不同种类的知识而存在。另外，我提出了**本体规范**（ontonorms）一词，坚持认为规范性和现实性往往是一同**进行**的。由于这些专业术语有它们自己的语境和运用（通常是混乱的），在本书中我基本不使用它们。

36. 食品研究是一个庞大的跨学科领域，它的一些丰富性将在后面各章的参考文献中很明显地呈现出来。它们当中的关键研究已经"使用"了与食品有关的事实，以将其他问题置于一个新的角度，例如 Sidney W. Mintz, *Sweetness and Power: The Place of Sugar in Modern History*（New York: Viking, 1985）。James Watson, ed., *Golden Arches East: McDonald's in East Asia*（Redwood City, CA: Stanford University Press, 2006）中收录的

论文也对全球化和同质化必然相伴相生的观点提出了挑战。在 Jack Goody,
Cooking, *Cuisine and Class*: *A Study in Comparative Sociology*（Cambridge:
Cambridge University Press, 1982）一书中，食物是研究社会经济阶级的一
个 入 口; 而 在 如 Carole M. Counihan, *The Anthropology of Food and Body*:
Gender, *Meaning*, *and Power*（Hove, UK: Psychology Press, 1999）中，食
物是研究性别的一个入口。一个更新近的、以（英语）词汇为基石的概述，
见 Peter Jackson, ed., *Food Words*: *Essays in Culinary Culture*（London:
Bloomsbury, 2014）。再近一些，吃也被专题化为实践理论的理论模式，见
Alan Warde, *The Practice of Eating*（Hoboken, NJ: John Wiley & Sons,
2016）。

37. 在民族志研究中"性别"的展演的特殊性，就像"性"的表现一样，
需要反复调查研究，而不是从一个语境带到另一个语境，见 Stefan Hirschauer
and Annemarie Mol, "Shifting Sexes, Moving Stories: Feminist/Constructivist
Dialogues," *Science*, *Technology*, *and Human Values* 20, no.3（1995）。对于
不同的分类方式在交叉时可能会相互影响和转变的仔细分析，见 Ingunn
Moser, "On Becoming Disabled and Articulating Alternatives: The Multiple
Modes of Ordering Disability and Their Interferences," *Cultural Studies* 19, no.6
（2005）。

38. 显然，这也伴随着方法论的限制和挑战。关于这一点，见 Marilyn   155
Strathern, "The Limits of Auto-Ethnography," in *Anthropology at Home*, ed.
Anthony Jackson（London: Tavistock, 1987）；或可见位于一条非常不同的
脉 络 中 的 Carolyn Ellis, *The Ethnographic I*: *A Methodological Novel about
Autoethnography*（Walnut Creek, CA: Altamira Press, 2004）。关于方法始
终是一个理论问题，而不仅仅是资料的获取这一论点，见 Stefan Hirschauer,
"Putting Things into Words: Ethnographic Description and the Silence of the
Social," *Human Studies* 29, no.4（2006）。

第二章

1. John Wylie, "A Single Day's Walking: Narrating Self and Landscape on

the South West Coast Path," *Transactions of the Institute of British Geographers* 30，no.2（2005）: 234.

2. Wylie，"A Single Day's Walking," 235.

3. Wylie，"A Single Day's Walking," 243.

4. Wylie，"A Single Day's Walking," 243.

5. Wylie，"A Single Day's Walking," 241.

6. Tim Ingold and Jo Lee Vergunst，eds.，*Ways of Walking: Ethnography and Practice on Foot*（Aldershot，UK: Ashgate，2008）.

7. Ingold and Vergunst，*Ways of Walking*，245. 我在这里删除了原文中的文献出处，以方便阅读。

8. 该引文来自 Maurice Merleau-Ponty，*The Phenomenology of Perception*（1958; repr.，London: Routledge，2005），353。

9. Merleau-Ponty，*The Phenomenology of Perception*，235.

10. 关于对梅洛-庞蒂作品的一个介绍，及其对当今与身体、情感、动物性、主体间性等有关问题的关切的重要性，见 Rosalyn Diprose and Jack Reynolds，*Merleau-Ponty: Key Concepts*（London: Routledge，2014）。

11. 在本章的分析中，我把"我"与我所吃的食物的关系突出出来，把那些照料我食物的人放入背景（以减少复杂性），这些人包括在餐馆厨房工作的厨师［关于他们的工作，见 Gary Alan Fine，*Kitchens: The Culture of Restaurant Work*（Berkeley: University of California Press，2008）］，以及那些培育、收获和运输食物的人［见 Michael Carolan，*The Sociology of Food and Agriculture*（London: Routledge，2016）以及 *The Real Cost of Cheap Food*（London: Routledge，2018）］。更多关于这一点在理论上的重要性，我将在第四章中进行阐述。

12. 关于这段历史和更多关于戈德斯坦及其作品的背景，见 Anne Harrington，*Reenchanted Science: Holism in German Culture from Wilhelm II to Hitler*（Princeton，NJ: Princeton University Press，1999）。

13. Kurt Goldstein，*The Organism: A Holistic Approach to Biology Derived from Pathological Data in Man*（New York: Zone Books，1995）.

14. Merleau-Ponty，*The Phenomenology of Perception*，146.

156　　15. 关于绝食抗议的丰富分析，见 Patrick Anderson，*"So Much Wasted"*:

Hunger, Performance, and the Morbidity of Resistance（Durham, NC：Duke University Press，2010）。关于对"全球饥饿"和"营养不良"在数据形式之外的含义的分析，见 Emily Yates-Doerr，"Intervals of Confidence：Uncertain Accounts of Global Hunger，"*BioSocieties* 10，no.2（2015）。

16. 我反复强调这一点是为了走条捷径。它们都可以打开并进行进一步的区分。在这个特定的点上，我跳过的是人们可能与他们准备咽下的食物打交道的各种模式，比如咬和嚼，或者啜食可能更贴切。关于这一点，可见 Mattijs Van de Port and Annemarie Mol，"Chupar Frutas in Salvador da Bahia：A Case of Practice-Specific Alterities，"*Journal of the Royal Anthropological Institute* 21，no.1（2015）。

17. 我早先曾指导过一批从事康复实践的同事，后来我向他们学习并合作论文，这对这一特定的田野调研有很大帮助。除其他外，见 Ant Lettinga and Annemarie Mol，"Clinical Specificity and the Non-generalities of Science，"*Theoretical Medicine and Bioethics* 20，no.6（1999）；以及 Rita M. Struhkamp，Annemarie Mol，and Tjitske Swierstra，"Dealing with In/Dependence：Doctoring in Physical Rehabilitation Practice，"*Science，Technology，and Human Values* 34，no.1（2009）。

18. 在整个过程中，我使用了**学员**或**患者**这样的术语，以及**先生**或**夫人**这样的称呼形式，或者与所研究的地点有关的名字。这些名字都是编造的。对于专业人员，我用他们的职业头衔或名字（如果他们是这样向我介绍自己的）来称呼，但我进行了化名处理。

19. 近来的工作证实了戈德斯坦的论点，即这种能力不仅仅取决于行走的身体能力，而且还需要对周围的各种物体和人进行识别的能力。见 Christa Nanninga et al.，"Unpacking Community Mobility：A Preliminary Study into the Embodied Experiences of Stroke Survivors，"*Disability and Rehabilitation* 40，no.17（2018）。

20. 历史研究表明，个人身体被认为是有界限的是最近的事。关于包覆膜的概念，见 Laura Otis，*Membranes：Metaphors of Invasion in Nineteenth-Century Literature，Science，and Politics*（Baltimore：Johns Hopkins University Press，2000）。关于自我 / 身体对必须防御的外来事物保持开放的论文，见 Ed Cohen，*A Body Worth Defending：Immunity，Biopolitics，and the*

Apotheosis of the Modern Body（Durham，NC：Duke University Press，2009）。

21. 关于管饲在实践中可能带来的问题的拓展分析，以肌萎缩侧索硬化症患者为例，见 Jeannette Pols and Sarah Limburg，"A Matter of Taste? Quality of Life in Day-to-Day Living with ALS and a Feeding Tube，" *Culture*，*Medicine*，*and Psychiatry* 40，no.3（2016）。

22. 关于养老院饮食的更详尽的分析，见 Annemarie Mol，"Care and Its Values：Good Food in the Nursing Home，" in *Care in Practice：On Tinkering in Clinics*，*Homes and Farms*，ed. Annemarie Mol，Ingunn Moser，and Jeannette Pols（Bielefeld，Germany：Transcript Verlag，2010）。

23. 如果我写"身体"有两套边界，我这里的"身体"指的是人体，或者说人体中的人类部分。现在已经很清楚，像人类这样的哺乳动物的肠道里居住着大量其他微生物。这对人类和微生物集群的功能至关重要。路德维克·弗莱克在20世纪30年代就已经指出，这使得定义"有机体"可能在排除或囊括生活在其内部的许多非人类中必取其一。见 Ludwig Fleck，*Genesis and Development of a Scientific Fact*（1935；repr.，Berkeley：University of California Press，1981）。

24. 关于身体边界的有关分析，见 Sebastian Abrahamsson and Paul Simpson，"The Limits of the Body：Boundaries，Capacities，Thresholds，" *Social and Cultural Geography* 12，no.4（2011）。

25. 我在这里使用了我在其他地方详尽分析过的田野调研的一个片段。见 Annemarie Mol，"Mind Your Plate! The Ontonorms of Dutch Dieting，" *Social Studies of Science* 43，no.3（2013）。

26. 关于社会科学家在书写物质性的时候，能量仍然停留在背景中而本不应如此这一论点，见 Andrew Barry，"Thermodynamics，Matter，Politics，" *Distinktion* 16，no.1（2015）。

27. 关于这些复杂性，见埃尔塞·沃格尔，"Metabolism and Movement：Calculating Food and Exercise or Activating Bodies in Dutch Weight Management，" *BioSocieties* 13，no.2（2018）。

28. 关于对肾脏疾病患者的照护，见 Ciara Kierans，"The Intimate Uncertainties of Kidney Care：Moral Economy and Treatment Regimes in Comparative Perspective，" *Anthropological Journal of European Cultures* 27，

no.2（2018）。

29. 关于冲厕所清除人们排泄物的快速使他们体验到其尿液和粪便不属于其身体，而是异己的论点，见 Rose George，*The Big Necessity*：*Adventures in the World of Human Waste*（London：Portobello Books，2011）。

30. 最近对吃的理解从简单的吸收能量、组建基础，扩大到改变一个人的基因以回应含有关于其所处环境信息的食物。这是我在这里略过的另一个复杂性。见 Hannah Landecker，"Food as Exposure：Nutritional Epigenetics and the New Metabolism，" *BioSocieties* 6，no.2（2011）；以及 Hannah Landecker and Aaron Panofsky，"From Social Structure to Gene Regulation，and Back：A Critical Introduction to Environmental Epigenetics for Sociology，" *Annual Review of Sociology* 39（2013）。

31. Tim Ingold，"Footprints through the Weather-World：Walking，Breathing，Knowing，" *Journal of the Royal Anthropological Institute* 16，no.1（2010）. 此后的引用页码在正文中以括号形式给出。

32. 对于这种思维模式的精妙批判，请见坐高速列车和丛林漫步的比较，它们被拉图尔类似地表述为特定此时此地的事件，见 Bruno Latour，"Trains of Thought：Piaget，Formalism，and the Fifth Dimension，" *Common Knowledge* 6（1997）。英戈尔德抛弃技术的方式存在的另一个问题是，他"忘记"了像鞋子这样的小技术，并且让人觉得似乎只有身体康健的人才能过上真实的生活。关于这一点，见 Patrick Devlieger and Jori De Coster，"On Footwear and Disability：A Dance of Animacy？，" *Societies* 7，no.2（2017）。

33. 关于隐含景观的想象的发现，见 Chunglin Kwa，"Alexander von Humboldt's Invention of the Natural Landscape，" *European Legacy* 10，no.2（April 2005）。

34. 关于这一点，见 Tim Lang and Michael Heasman，*Food Wars*：*The Global Battle for Mouths*，*Minds and Markets*（London：Routledge，2015）。而关于"我"在全球这么多地方进食的历史，见 David Inglis and Debra Gimlin，eds.，*The Globalization of Food*（Oxford：Berg，2009）。

35. 关于其中隐含的地理学，见 Ian Cook et al.，"Food's Cultural Geographies：Texture，Creativity and Publics，" in The Wiley-Blackwell Companion to Cultural Geography，ed. Nuala C. Johnson，Richard H. Schein，and Jamie

158

Winders（Oxford：Wiley-Blackwell，2013）；以及 Sebastian Abrahamsson and Annemarie Mol，"Foods，" in *The Routledge Handbook of Mobilities*，ed. Peter Adey et al.（London：Routledge，2014）。

36. 关于它们在英国和美国的历史，见 Daniel Schneider，*Hybrid Nature：Sewage Treatment and the Contradictions of the Industrial Ecosystem*（Cambridge，MA：MIT Press，2011）。关于所涉及的细菌，见 Andrew Balmer and Susan Molyneux-Hodgson，"Bacterial Cultures：Ontologies of Bacteria and Engineering Expertise at the Nexus of Synthetic Biology and Water Services，" *Engineering Studies* 5，no.1（2013）。

37. 关于此类问题，可见 Joshua Reno，"Waste and Waste Management，" *Annual Review of Anthropology* 44（2015）。

第三章

1. Merleau-Ponty，*The Phenomenology of Perception*，207.

2. Merleau-Ponty，*The Phenomenology of Perception*，239.

3. Merleau-Ponty，*The Phenomenology of Perception*，185.

4. 关于这个话题的更多内容，见 Dick Willems，"Inhaling Drugs and Making Worlds：The Proliferation of Lungs and Asthmas，" in *Differences in Medicine：Unravelling Practices，Techniques and Bodies*，ed. Marc Berg and Annemarie Mol（Durham，NC：Duke University Press，1998）；Timothy K. Choy，*Ecologies of Comparison：An Ethnography of Endangerment in Hong Kong*（Durham，NC：Duke University Press，2011）；以及 Erik Bigras and Kim Fortun，"Innovation in Asthma Research：Using Ethnography to Study a Global Health Problem，" *Ethnography Matters*，October 27，2012，http://ethnographymatters.net/blog/2012/10/27/the-asthma-files/。

5. Carolyn Korsmeyer，*Making Sense of Taste：Food and Philosophy*（Ithaca，NY：Cornell University Press，1999），24.

6. Korsmeyer，*Making Sense of Taste*，25.

7. Korsmeyer，*Making Sense of Taste*，37.

159

8. Korsmeyer，*Making Sense of Taste*，25.

9. 即便如此，关注更多感官而不仅仅是一两种感官的社会科学研究，已经产出了颇为有趣的作品。例如见 David Howes，*Sensual Relations：Engaging the Senses in Culture and Social Theory*（Ann Arbor：University of Michigan Press，2010）；以及 David Howes and Constance Classen，*Ways of Sensing：Understanding the Senses in Society*（London：Routledge，2013）。

10. 听觉有其自身的复杂性，也是从知觉的参与延伸到感觉的参与。这方面有趣的作品包括 Veit Erlmann，ed.，*Hearing Cultures：Essays on Sound，Listening and Modernity*（Oxford：Berg，2004）；Cyrus C. Mody，"The Sounds of Science：Listening to Laboratory Practice，" *Science，Technology，and Human Values* 30，no.2（2005）；Veit Erlmann，*Reason and Resonance：A History of Modern Aurality*（New York：Zone Books，2010）；Trevor Pinch and Karin Bijsterveld，eds.，*The Oxford Handbook of Sound Studies*（Oxford：Oxford University Press，2010）。

11. Wylie，"A Single Day's Walking：Narrating Self and Landscape on the South West Coast Path." *Transactions of the Institute of British Geographers* 30，no.2（2005）：243.，" 243.

12. Wylie，"A Single Day's Walking，" 243.

13. 关于英国的相关浪漫主义传统，见 Jonathan Bate，*Romantic Ecology：Wordsworth and the Environmental Tradition*（London：Routledge，1991）。然而，浪漫主义并不一定意味着对技术的回避，它也启发了特定版本的技术。有关这一点，见 John Tresch，*The Romantic Machine：Utopian Science and Technology after Napoleon*（Chicago：University of Chicago Press，2012）。

14. Gry S. Jakobsen，"Tastes：Foods，Bodies and Places in Denmark"（PhD diss.，University of Copenhagen，2013）. 非常感谢格莱允许我在此使用她的作品。

15. Jakobsen，"Tastes，" 43.

16. Jakobsen，"Tastes，" 43.

17. 品尝可能有助于习得知识的观点也产生自民族志学者，并激励他们像运用其他官能一样运用自己的味觉。关于早期对这种做法的鼓励，见 Paul Stoller，*The Taste of Ethnographic Things：The Senses in Anthropology*

（Philadelphia：University of Pennsylvania Press，1989）。在科学与技术研究中，对味觉的关注要晚一些。见 Steven Shapin，"The Sciences of Subjectivity," *Social Studies of Science* 42，no.2（2012）。

18. Gordon M. Shepherd，*Neurogastronomy*：*How the Brain Creates Flavor and Why It Matters*（New York：Columbia University Press，2011）.

19. Shepherd，*Neurogastronomy*，65.

160

20. Shepherd，*Neurogastronomy*，186.

21. 我们可以不品尝，但这并不意味着总是可以避免它，这一点从民族志学者的故事中可以看出，他们很难喜欢上他们在田野点能吃到或提供给他们的食物。参见 Helen R. Haines and Clare A. Sammells，eds.，*Adventures in Eating*：*Anthropological Experiences in Dining from around the World*（Boulder：University Press of Colorado，2010）中收录的论文。

22. 我的分析在很大程度上归功于埃尔塞·沃格尔的工作。关于其他需要在其中学习去感受的照护实践，见 Else Vogel，"Hungers That Need Feeding：On the Normativity of Mindful Nourishment,"*Anthropology and Medicine* 24，no.2（2017）。

23. 使人感到满足是品尝可能做到的许多事中的一件。它还可以重新唤起记忆，为人们提供归属感或失望感，等等。见人类学关于尝和吃的研究，如 David E. Sutton，*Remembrance of Repasts*：*An Anthropology of Food and Memory*，2nd ed.（Oxford：Berg，2001）。

24. 在这一语境下，特别重要的是保罗·罗津和他同事们的出色工作。罗津在实验室里完成了大部分的研究，他的目的是收集具有普遍性的心理生理学见解。然而，他所描述的感知和评价并不局限于个体化的"身体"，而是涉及了更广泛的问题。例如，见 Paul Rozin，Maureen Markwith，and Caryn Stoess，"Moralization and Becoming a Vegetarian：The Transformation of Preferences into Values and the Recruitment of Disgust,"*Psychological Science* 8，no.2（1997）。

25. 五感被放在引号内，因为它们并不是人们所认为的普遍类别。关于属于不同文化和语言传统的人们可能会有不同的实践感官的论点，见 Kathryn Geurts，*Culture and the Senses*：*Bodily Ways of Knowing in an African Community*（Berkeley：University of California Press，2003）。

26. 这一整章都得益于安娜·曼的工作，尤其是我写的关于世俗评估的内容。关于这一点，请见我们共同撰写的文章：Anna Mann and Annemarie Mol，"Talking Pleasures，Writing Dialects：Outlining Research on Schmecka，" *Ethnos*（2018）。

27. 这在其他的实验室是不同的。见 Anna Mann，"Sensory Science Research on Taste：An Ethnography of Two Laboratory Experiments in Western Europe，" *Food and Foodways* 26，no.1（2018）。

28. 随着烹饪比赛在电视上的流行，这种评判很可能在蔓延。关于其中的具体情况，见 Emma Casey，"From *Cookery in Colour* to *The Great British Bake Off*：Shifting Gendered Accounts of Home-Baking and Domesticity，" *European Journal of Cultural Studies* 2，nos.5—6（2019）。

29. 我在这里的分析得益于心理学中使用话语分析方法的成果。例如，见 Sally Wiggins，"Talking with Your Mouth Full：Gustatory Mmms and the Embodiment of Pleasure，" *Research on Language and Social Interaction* 35，no.3（2002）；Sally Wiggins and Jonathan Potter，"Attitudes and Evaluative Practices：Category vs. Item and Subjective vs. Objective Constructions in Everyday Food Assessments，" *British Journal of Social Psychology* 42，no.4（2003）；以及 Petra Sneijder and Hedwig F. M. te Molder，"Disputing Taste：Food Pleasure as an Achievement in Interaction，" *Appetite* 46，no.1（2006）。 161

30. 在照护的情境中，人们试图实现一种当下的利益。此时，寻求改善往往被认为比评价或判断更有意义。见 Ingunn Moser，"Perhaps Tears Should Not Be Counted but Wiped Away：On Quality and Improvement in Dementia Care，" in *Care in Practice：On Tinkering in Clinics，Homes and Farms*，ed. Annemarie Mol，Ingunn Moser，and Jeannette Pols（Bielefeld，Germany：Transcript Verlag，2010）。

31. 在荷兰语中，美味的食物是"lekker"的，这是一种积极的赞赏，在谈论性、天气、淋浴或其他令人愉快的事情时，甚至在工作顺利的情况下，也会出现这种赞赏。因此，食物的快乐成为了其他快乐的一部分。见 Annemarie Mol，"Language Trails：'Lekker' and Its Pleasures，" *Theory，Culture and Society* 31，nos.2—3（2014）。

32. 如果事物被整体性地理解，那么问题就来了。与**什么**一起理解？关于揭示不同形式的语境性同在（contextual togetherness）的分析，见 Anna Mann，"Which Context Matters? Tasting in Everyday Life Practices and Social Science Theories," *Food，Culture and Society* 18，no.3（2015）。

33. 我与埃尔塞·沃格尔共同进行的采访以及与食品评分卡相关的内容也出现在我们的文章中：Else Vogel and Annemarie Mol，"Enjoy Your Food：On Losing Weight and Taking Pleasure," *Sociology of Health and Illness* 36，no.2（2014）。关于让儿童吃蔬菜的尝试，也见 Michalis Kontopodis，"How and Why Should Children Eat Fruit and Vegetables? Ethnographic Insights into Diverse Body Pedagogies," *Social Science and Medicine* 143（2015）。

34. 科斯梅尔（如前所述）曾为**品尝**美食辩护，反驳柏拉图和亚里士多德的继承者们。她还写了一本关于**恶心**的出色的书。见 See Carolyn Korsmeyer，*Savoring Disgust：The Foul and the Fair in Aesthetics*（Oxford：Oxford University Press，2011）。

35. 关于这种情况，也见 Annemarie Mol，"Bami Goreng for Mrs Klerks and Other Stories on Food and Culture," in *Debordements：Mélanges offerts à Michel Callon*，ed. Madeleine Akrich et al.（Paris：Presses Ecole de Mînes，2010）。

36. 这是一个相对较大的群体。直到 19 世纪末以前，殖民政府允许欧洲男子在殖民地定居，但不允许欧洲妇女定居。因此，监督种植园、担任文员等的欧洲男子与当地妇女生活在一起（有时甚至会结婚）。他们结合的后代在殖民地的地位等级中很不错——尤其是女孩，她们是后来一波又一波荷兰男子的适婚对象。见 Jean Gelman Taylor，*The Social World of Batavia：European and Eurasian in Dutch Asia*（Madison：University of Wisconsin Press，1983）。

37. 关于食物被提升到文化标志地位的有关内容，见 Watson and Melissa Caldwell，eds.，*The Cultural Politics of Food and Eating：A Reader*（Malden，MA：Blackwell，2005）中收录的文章。关于日常生活中食物口味的重要性，语境是孟加拉中产阶级和为他们做饭的佣人，有一个很好的研究，见 Manpreet K. Janeja，*Transactions in Taste：The Collaborative Lives of Everyday Bengali Food*（New Delhi：Routledge，2010）。

38. 关于这种特殊的鉴赏能力，这种比较适中而不是上层阶级式的鉴赏能

162

力，见 Bodil Just Christensen and Line Hillersdal，"The Taste of Intervention," in *Making Taste Public：Ethnographies of Food and the Senses*，ed. Carole Counihan and Susanne Højlund（London：Bloomsbury Academic，2018）。

39. 大多数社会科学家要么专注于与味觉形成有关的文化归属，要么专注于训练敏感性。然而，从对地方菜肴传播的实证研究中，我们了解到，这些美食可能首先迎合那些觉得有归属感的人，然后逐渐传播开，成为其他人的一种享受。例如，见 Sidney Cheung and David Y. H. Wu，eds.，*The Globalisation of Chinese Food*（London：Routledge，2014）中的文章。

40. 在餐厅吃饭有其特定的实践，其中有一个特别的例子，即（至少在巴黎的环境中）坐在同一张桌子边的人可以吃不同的菜，但应在同一时间上菜，而相邻桌则无需同时。关于餐厅饮食和与之相关的美食文化史，见 Rebecca L. Spang，*The Invention of the Restaurant*（Cambridge，MA：Harvard University Press，2001）。

41. 在巴黎的高级餐厅里，承认**吃饱**不会被视为一件高雅的事情，即使在其他背景中它被视为一种感激的表现。关于这个问题和这里略过的相关问题，见 Margaret Visser，*The Rituals of Dinner：The Origins，Evolution，Eccentricities，and Meaning of Table Manners*（1991；repr.，New York：Open Road Media，2015）。

42. 热纳维耶芙·泰伊和安托万·埃尼翁详尽地论述了**味觉**不仅仅是一个与他人相关的问题（如**展示**自己的品位），还包括与被品尝的食物或饮料本身相关联，逐渐适应它，"学着被它影响"。然而，他们大多写的是酒，为了保持足够的清醒去品尝，酒是要吐出来的。在这里，我追求的是吞咽会影响味觉的这一事实。Geneviève Teil and Antoine Hennion，"Discovering Quality or Performing Taste? A Sociology of the Amateur," in *Qualities of Food：Alternative Theoretical and Empirical Approaches*，ed. Mark Harvey，Andrew McMeekin，and Alan Warde（Manchester：Manchester University Press，2004）. 关于吃可能与品尝有关的各种方式，也见 Anna Mann，"Ordering Tasting in a Restaurant：Experiencing，Socializing，and Processing Food," *Senses and Society* 13，no.2（2018）。

43. 一个认识主体可能会受到认识客体的影响，这并不是吃所特有的。我想说的是，吃提供了一个很好的**模型**。关于一个非常不同的例子，即主体　163

是如何被飞机改变的，见 John Law，"On the Subject of the Object：Narrative，Technology，and Interpellation，" *Configurations* 8，no.1（2000）。

第四章

1. Shigehisa Kuriyama，*The Expressiveness of the Body and the Divergence of Greek and Chinese Medicine*（New York：Zone Books，1999），190.

2. Kuriyama，*The Expressiveness of the Body*，190.

3. Kuriyama，*The Expressiveness of the Body*，144.

4. Kuriyama，*The Expressiveness of the Body*，149.

5. Kuriyama，*The Expressiveness of the Body*，151.

6. 在 20 世纪的文化人类学中，在所谓前现代的修补性的行动模式，和直接地、控制性地朝向一个目标努力的现代行动模式——工程之间存在着区别。见 Claude Lévi-Strauss，*The Savage Mind*（Chicago：University of Chicago Press，1966）。在科学与技术研究中，有人提出这样的观点：现代技术并不具体地提供所承诺的控制，其本身就取决于适应性的照护和修补。例如，见 Bruno Latour，*The Pasteurization of France*（Cambridge，MA：Harvard University Press，1993）。本章建立在那本书后半部分的思路上。另见 Annemarie Mol and John Law，"Regions，Networks and Fluids：Anaemia and Social Topology，" *Social Studies of Science* 24，no.4（1994）; and Marianne De Laet and Annemarie Mol，"The Zimbabwe Bush Pump：Mechanics of a Fluid Technology，" *Social Studies of Science* 30，no.2（2000）。

7. Hans Jonas，*The Phenomenon of Life：Toward a Philosophical Biology*（1966; repr.，Evanston，IL：Northwestern University Press，2001）.

8. 有一些理论学者试图根据他们所认为的关于身体的事实来构思以经验为基础的、具有显著规范性的**行动**理论。见 Sharon R. Krause，"Bodies in Action：Corporeal Agency and Democratic Politics，" *Political Theory* 39，no.3（2011）。我的理论风格是很不同的。我没有调动我所认为的关于身体的真实事实，而是从身体在一些实践（包括科学实践）中的演成方式获得灵感。

9. 这种公共卫生是在 20 世纪七八十年代"新"出现的。见 John Ashton

and Howard Seymour，*The New Public Health*（Milton Keynes，UK：Open University Press，1988）。在食物和饮食方面，有不同版本的信息和选择，我在此没有展开：见 Annemarie Mol，"Mind Your Plate! The Ontonorms of Dutch Dieting，"*Social Studies of Science* 43，no.3（2013）。荷兰的问题与邻近的欧洲国家不同。例如，见 Bente Halkier et al.，"Trusting，Complex，Quality Conscious or Unprotected? Constructing the Food Consumer in Different European National Contexts，"*Journal of Consumer Culture* 7，no.3（2007）。

10. Voedingscentrum，"Missie en visie，" accessed August 2016，http://www.voedingscentrum.nl/nl/service/over-ons/hoe-werkt-het-voedingscentrum-precies/missie-en-visie-voedingscentrum.aspx.

11. 在对消费一词的分析中，大卫·格雷伯说，很奇怪，有了这个词，购买就以吃为模型（David Graeber，"Consumption，"*Current Anthropology* 52，no.4［2011］）。在"吃的身体"团队中，我们同样感到惊讶，消费者这个词的使用将吃隐藏在被购买的背后。因此，在这本书中，我避免使用消费和消费者这两个词，而是使用吃和新词吃者，即食客。在我的领域中，我只在作为买方-食客的联合体时才会用回消费者这个术语。

12. Voedingscentrum，"Hoeveel en wat kan ik per dag eten? ，" accessed August 2016，http://www.voedingscentrum.nl/nl/schijf-van-vijf/eet-gevarieerd.aspx.

13. Voedingscentrum，"Schijf van Vijf，" accessed August 2016，http://www.voedingscentrum.nl/nl/schijf-van-vijf/schijf.aspx.

14. Voedingscentrum，"Eiwitten，" accessed August 2016，http://www.voedingscentrum.nl/encyclopedie/eiwitten.aspx.

15. 在这里，我的分析参考了安娜·曼和埃尔塞·沃格尔协同这个研究小组进行的田野调研，以及我与他们的研究主任进行的一次深度访谈。因此，感谢基斯·德·赫拉夫（Kees de Graaf）和他的研究团队，因为我使用了他们的一篇文章，他们没有保持匿名。

16. Sanne Griffioen-Roose et al.，"Protein Status Elicits Compensatory Changes in Food Intake and Food Preferences，"*American Journal of Clinical Nutrition* 95，no.1（2012）.

17. 在科学与技术研究领域，这些工作及其重要性已被带入了我们的视

164

野，见 Bruno Latour and Steve Woolgar, *Laboratory Life: The Construction of Scientific Facts* (1979; repr., Princeton, NJ: Princeton University Press, 1986); 以及 Karin Knorr-Cetina, *Epistemic Cultures: How the Sciences Make Knowledge* (Cambridge, MA: Harvard University Press, 1999)。在我的研究团队中，我们重新审视了研究的实际事物与"新物质主义者"的相关性，他们认为有可能直接理解物质的生命力。关于这一点，见 Sebastian Abrahamsson et al., "Living with Omega-3: New Materialism and Enduring Concerns," *Environment and Planning D: Society and Space* 33, no.1 (2015)。

18. 在其他地方，当侧重的不是原因而是结果时，被隐藏的往往是"使用者"（进食者、服药者等）的作用。关于这一点，见 Anita Hardon and Emilia Sanabria, "Fluid Drugs: Revisiting the Anthropology of Pharmaceuticals," *Annual Review of Anthropology* 46 (2017)。

19. 这里我借鉴并引用了 Rita M. Struhkamp, "Patient Autonomy: A View from the Kitchen," *Medicine, Health Care and Philosophy* 8, no.1 (2005): 105。

20. Struhkamp, "Patient Autonomy," 110—111.

21. 与弗雷德这样的案例一样，在"文化"的案例中，用自然需求来解释饮食模式的因果关系，也太快、太理所当然了。后者见 Marvin Harris, *Good to Eat: Riddles of Food and Culture* (Long Grove, IL: Waveland Press, 1998)。一个批评，见 Sidney W. Mintz and Christine M. Du Bois, "The Anthropology of Food and Eating," *Annual Review of Anthropology* 31, no.1 (2002)。

22. 如果吃被塑造成一种选择或一种心理上的关注，那么把吃视为一项任务将突出本来很容易就淡化到背景中的物质性。关于这一点，请看关于被诊断患厌食症的进食不足者的案例：Anita Lavis, "Food, Bodies, and the 'Stuff' of (Not) Eating in Anorexia," *Gastronomica* 16, no.3 (2016)。

23. 我在这里略过了一种额外的复杂性，也就是所考虑的"信息"往往是关于"营养"的，但营养不一定或不容易转化成"食物"——如比萨、苹果或菠菜蛋饼。关于这个问题，见 Emily Yates-Doerr, "The Opacity of Reduction: Nutritional Black-Boxing and the Meanings of Nourishment," *Food, Culture and Society* 15, no.2 (2012)。

24. 关于"全球南方"的饥荒和边缘饮食的众多优秀研究之一，见 Karen

165

Coen Flynn, *Food, Culture, and Survival in an African City* (New York：Palgrave Macmillan, 2005)。关于对买不起好食物的羞耻感的调查（在荷兰），见 Hilje Van der Horst, Stefano Pascucci, and Wilma Bol, "The 'Dark Side' of Food Banks? Exploring Emotional Responses of Food Bank Receivers in the Netherlands," *British Food Journal* 116, no.9 (2014)。

25. 指出人们——往往指妇女——在日常照护工作中所付出的努力，有一个由来已久的女性主义传统。例如，见 Anne Murcott, "Cooking and the Cooked：A Note on the Domestic Preparation of Meals," in *The Sociology of Food and Eating*, ed. Anne Murcott (Farnham, UK：Gower, 1983)；以及 Pat Caplan, ed., *Food, Health and Identity* (Milton Park, UK：Routledge, 2013) 中收录的论文。

26. 在照护超重者、不吃或吃得好成为任务这一特定语境下的相关分析，见 Else Vogel, "Clinical Specificities in Obesity Care：The Transformations and Dissolution of 'Will' and 'Drives,' " *Health Care Analysis* 24, no.4 (2016)。

27. 这里与我和我的同事们描述的照护方式有明显的共鸣：将作出选择和 / 或进行控制进行对比。见 Annemarie Mol, *The Logic of Care：Health and the Problem of Patient Choice* (London：Routledge, 2008)；以及 Annemarie Mol, Ingunn Moser, and Jeannette Pols, "Care：Putting Practice into Theory," in *Care in Practice：On Tinkering in Clinics, Homes and Farms*, ed. Annemarie Mol, Ingunn Moser, and Jeannette Pols (Bielefeld, Germany：Transcript Verlag, 2010)。

28. 这里不使用受吃启发的模型，而是使用行动的**执行性**模型，比如在控制论的一些分支中发展出的模型（主要是欧洲的）。关于这一点，见 Andrew Pickering, *The Cybernetic Brain：Sketches of Another Future* (Chicago：University of Chicago Press, 2010)。

29. 在此，我充满感激地借鉴了 Sebastian Abrahamsson, "An Actor Network Analysis of Constipation and Agency：Shit Happens," *Subjectivity* 7, no.2 (2014)；以及他的 "Cooking, Eating and Digesting：Notes on the Emergent Normativities of Food and Speeds," *Time and Society* 23, no.3 (2014)。

30. 关于她针对不同的身体如何共享运动的研究，见 Sophie M. Müller, "Ways of Relating," in *Moving Bodies in Interaction—Interacting Bodies in*

166

227

Motion：*Intercorporeality*，*Interkinesthesia*，*and Enaction in Sports*，ed. Christian Meyer and Ulrich V. Wedelstaedt（Amsterdam：John Benjamins，2017）。关于跳芭蕾舞的身体的更多分析，见 Sophie M. Müller，"Distributed Corporeality：Anatomy，Knowledge and the Technological Reconfiguration of Bodies in Ballet，" *Social Studies of Science* 48，no.6（2018）。

31. 如果控制过度，可能很难释放——但如果对自己的肛门括约肌和尿道括约肌缺乏控制，在不适当的时间和地点漏尿则也许更不好了。我在这里跳过了这个复杂的问题，但请见：Maartje Hoogsteyns and Hilje van der Horst，"How to Live with a Taboo Instead of 'Breaking It'：Alternative Empowerment Strategies of People with Incontinence，" *Health Sociology Review* 24，no.1（2015）。

32. 在路易斯·布纽埃尔（Luis Buñuel）1974 的电影《自由的幻影》（*Fantome de la liberté*）中这点被扭转了，很著名。在片中某个时候，四个人一起上厕所，而在饿的时候又各自偷偷地跑到一个有食物的小房间里。

33. Alva Noë，*Out of Our Heads：Why You Are Not Your Brain，and Other Lessons from the Biology of Consciousness*（New York：Hill and Wang，2009）. 阿尔瓦·诺埃的观点建立在更早作品的基础上，这些作品认为认知是在实践中产生的。见 Jean Lave，*Cognition in Practice：Mind，Mathematics and Culture in Everyday Life*（Cambridge：Cambridge University Press，1988）；and Edwin Hutchins，*Cognition in the Wild*（Cambridge，MA：MIT Press，1995）。

34. Noë，*Out of Our Heads*，6—7.

35. Noë，*Out of Our Heads*，186.

36. 关于这段历史，见 Horace W. Davenport，*A History of Gastric Secretion and Digestion：Experimental Studies to 1975*（New York：Springer，1992）。

37. 关于做饭的烹饪学及生物化学解释，见一本卓著成果：Harold McGee，*On Food and Cooking：The Science and Lore of the Kitchen*（New York：Scribner，2004）。

38. 当我在伯克利时，阿尔瓦·诺埃非常友好地在他的办公室接待了我。当我对他的体外消化表示反对时，他说，是的，**当然**。他还笑了笑。但他关注的问题是不同的。他关注的是认知和它的分布式特征。

39. 即便如此，**消化**并没有持续地成为选择种植什么植物的首要标准。

例如，对于小麦，高麸质含量占据了优先地位，服务于一系列的制备技术。见下文。

40. Richard Wrangham，*Catching Fire：How Cooking Made Us Human*（New York：Basic Books，2009），127. 兰厄姆的分析是否具有（前）历史意义，还有待商榷。然而，在这里，我不是在追求事实，而是追求模型。但请见 Gregory Schrempp，"Catching Wrangham：On the Mythology and the Science of Fire，Cooking，and Becoming Human，" *Journal of Folklore Research* 48，no.2（2011）。

41. Jonas，*The Phenomenon of Life*，83. 在许多其他关于生物学哲学的作品中，突出的是物种的生存和繁殖，而不是进食。例如，见 John Dupré，*Processes of Life：Essays in the Philosophy of Biology*（Oxford：Oxford University Press，2012）。

42. Jonas，*The Phenomenon of Life*，84.

43. Jonas，*The Phenomenon of Life*，105.

44. Jonas，*The Phenomenon of Life*，99.

45. 例如，动物看起来是怎么样的**存在**，能**做**什么，是随着研究方法的变化而变化的。见 Vincianne Despret，*What Would Animals Say If We Asked the Right Questions?*（Minneapolis：University of Minnesota Press，2016）。除此之外，新的研究发现，植物也比从前认为的更加敏感、更具交流性。见 Daniel Chamovitz，*What a Plant Knows：A Field Guide to the Senses*（New York：Scientific American/Farrar，Straus and Giroux，2012）。

46. Jonas，*The Phenomenon of Life*，186.

47. Jonas，*The Phenomenon of Life*.

48. Lawrence Vogel，preface to Jonas，*The Phenomenon of Life*，xvi.

49. 试图在避免犬儒主义的同时仍然"与麻烦相伴"，这是当今众多学者的共同点，我在此以他们的工作为基础。见 Donna J. Haraway，*Staying with the Trouble：Making Kin in the Chthulucene*（Durham，NC：Duke University Press，2016）；Isabelle Stengers，*In Catastrophic Times：Resisting the Coming Barbarism*（London：Open Humanities Press，2015）；以及 Anna L. Tsing et al.，eds.，*Arts of Living on a Damaged Planet：Ghosts and Monsters of the Anthropocene*（Minneapolis：University of Minnesota Press，2017）中收录的论文。

50. Carlos A. Monteiro，"Nutrition and Health：The Issue Is Not Food，nor Nutrients，So Much as Processing，" *Public Health Nutrition* 12，no.5（2009）：729.

51. 关于吃东西往往对人的健康有害这一糟糕现实及其所隐含的不确定性，见 Emilia Sanabria and Emily Yates-Doerr，"Alimentary Uncertainties：From Contested Evidence to Policy，" *BioSocieties* 10，no.2（2015）。

52. 这不是个别食客和偶然的食物的问题，而是结构性地嵌入了当今的食物体系中。见 Julie Guthman，*Weighing In：Obesity，Food Justice，and the Limits of Capitalism*（Berkeley：University of California Press，2011）。或者，作为关于最近"饮食文化"变化的众多例子之一，Shahaduz Zaman，Nasima Selim，and Taufiq Joarder，"McDonaldization without a McDonald's：Globalization and Food Culture as Social Determinants of Health in Urban Bangladesh，" *Food，Culture and Society* 16，no.4（2013）。

168   53. Voedingscentrum，"Nitraat，" accessed August 2016，http://www. voedingscentrum.nl/nl/nieuws/voedingscentrum-herziet-adviezen-voor-nitraatinname.aspx.

54. Voedingscentrum，"Dioxines，" accessed June 24，2019，https://www. voedingscentrum.nl/encyclopedie/dioxines.aspx.

55. 见 Marion Nestle，*Food Politics：How the Food Industry Influences Nutrition and Health*（Berkeley：University of California Press，2013）；Eric Holt-Giménez and Rai Patel，eds.，*Food Rebellions：Crisis and the Hunger for Justice*（Oakland，CA：Food First Books；Oxford：Pambazooka Press，2012）；以及 Tim Lang and Michael Heasman，*Food Wars：The Global Battle for Mouths，Minds and Markets*（London：Routledge，2015）。

56. 关于在悲剧性的两难中种植咖啡的案例研究多种多样、内容丰富。见 Robert Rice，"Noble Goals and Challenging Terrain：Organic and Fair Trade Coffee Movements in the Global Marketplace，" *Journal of Agricultural and Environmental Ethics* 14，no.1（2001）；以及 Maria Elena Martinez-Torres，*Organic Coffee：Sustainable Development by Mayan Farmers*（Athens：Ohio University Press，2006）。

57. 关于如何思考这种复杂情况以及如何将行动理解为其中一部分的问

题，另见 Angga Dwiartama and Christopher Rosin，"Exploring Agency beyond Humans：The Compatibility of Actor-Network Theory（ANT）and Resilience Thinking," *Ecology and Society* 19，no.3（2014）；以及 Beth Greenhough and Emma Roe，"From Ethical Principles to Response-Able Practice," *Environment and Planning D：Society and Space* 28，no.1（2010）。

第五章

1. 本章再次在很大程度上归功于"吃的身体"团队，尤其是菲利波·贝尔托尼和塞巴斯蒂安·亚伯拉罕森的工作。见 Filippo Bertoni，"Charming Worms：Crawling between Natures," *Cambridge Journal of Anthropology* 30，no.2（2012）；Filippo Bertoni，"Soil and Worm：On Eating as Relating," *Science as Culture* 22，no.1（2013）；　以　及 Sebastian Abrahamsson and Filippo Bertoni，"Compost Politics：Experimenting with Togetherness in Vermicomposting," *Environmental Humanities* 4，no.1（2014）。

2. 在英语中，根据传统，人类用 who 来指代，而非人类用 that 来指代。近来，that 也被用来表示人。但话说回来，who 的使用也可能延伸到非人类。

3. 引文来自英文第二版：Emmanuel Levinas，*Totality and Infinity：An Essay on Exteriority*（Dordrecht：Martinus Nijhoff，1979），这里引用的是第 300 页。此后引用页码在文中括号给出。

4. 关于吃如何形成列维纳斯的一个重要模型，我充满感激地借鉴了一个详尽的分析，见 David Goldstein，"Emmanuel Levinas and the Ontology of Eating," *Gastronomica* 10，no.3（2010）。

5. 关于食人在西方哲学中的位置，见 Cătălin Avramescu，*An Intellectual History of Cannibalism*，trans. Alistair Ian Blyth（Princeton，NJ：Princeton University Press，2009）。关于字面意义和隐喻意义上的食人习俗，见 Francis Barker，Peter Hulme，and Margaret Iversen，eds.，*Cannibalism and the Colonial World*（Cambridge：Cambridge University Press，1998）中收录的文章。

6. 关于持续将家庭作为安全空间使用，女性主义者早已指出了其中大

169

大小小的张力，见 Bonnie Honig，"Difference，Dilemmas，and the Politics of Home，" in "Liberalism，" special issue，*Social Research* 61，no.3（1994）。

7. 关于在此次会议上发表的一些文章，见 Richard Le Heron et al.，eds.，*Biological Economies：Experimentation and the Politics of Agri-Food Frontiers*（Abingdon，UK：Routledge，2016）中收录的论文。关于吃鱼意味着什么的延伸讨论，见 Elspeth Probyn，*Eating the Ocean*（Durham，NC：Duke University Press，2016）。

8. 关于基于动物权利话语的素食主义，见 Gary L. Francione and Robert Garner，*The Animal Rights Debate：Abolition or Regulation?*（New York：Columbia University Press，2010）。

9. 关于延伸到章鱼的动物认知，一个令人信服的研究见一本科普书/哲学书：Peter Godfrey-Smith，*Other Minds：The Octopus，the Sea，and the Deep Origins of Consciousness*（New York：Farrar，Straus and Giroux，2016）。

10. 关于这个民族志实验的更深入的分析，见 Anna Mann et al.，"Mixing Methods，Tasting Fingers：Notes on an Ethnographic Experiment，" *HAU：Journal of Ethnographic Theory* 1，no.1（2011）。

11. 这是以许多方式和语域进行的。有关分析见 Petra Sneijder and Hedwig F. M. te Molder，"Normalizing Ideological Food Choice and Eating Practices：Identity Work in Online Discussions on Veganism，" *Appetite* 52，no.3（2009）。

12. 受到苹果和人类之间关系的启发，迈克尔·波伦别出心裁地扭转这种能动性。他写道，苹果欺骗人类，使人类帮助其繁衍生长，扩大栖息范围——从高加索的一个小地区到地球上气候适宜的任何地方。见 Michael Pollan，*The Botany of Desire：A Plant's-Eye View of the World*（New York：Random House，2002）。

13. 作为一个城市居民，自己仍种植着相当一部分自给自足的食物，这与被推动的越来越庞大的农业系统形成对比。关于这一点，也可参见 Annga Dwiartama and Cinzia Piatti，"Assembling Local，Assembling Food Security，" *Agriculture and Human Values* 33，no.1（2016）。我在这里遗漏的另一种复杂性是 G 在她花园里使用的种子和灌木等的可能来源。但对于这方面的关注，见 Catherine Phillips，*Saving More Than Seeds：Practices and Politics of Seed Saving*（London：Routledge，2016）。

14. 在下文中，我不仅使用了汉斯·哈伯斯的农场故事，还大量借鉴了他的分析，为此我很感谢他。

15. Hans Harbers，"Animal Farm Love Stories，" in *Care in Practice*：*On Tinkering in Clinics*，*Homes and Farms*，edited by Annemarie Mol，Ingunn Moser and Jeanette Pols（Bielefeld，Germany：Transcript Verlag，2010），147.

16. Harbers，"Animal Farm Love Stories，" 148.

17. 一个中肯的、更具延伸性的分析，分析了农业，也分析了农村生活传统、动物和人如何有赖于被更多工业化食品"生产"手段挤压的特定饮食方式。见 James Rebanks，*The Shepherd's Life*：*A Tale of the Lake District*（London：Penguin，2015）。

18. Harbers，"Animal Farm Love Stories，" 152.

19. Harbers，"Animal Farm Love Stories，" 154.

20. 关于现今饲养和食用动物的权衡利弊的分析，见 Henry Buller and Emma J. Roe，*Food and Animal Welfare*（London：Bloomsbury，2018）。其中与实验室研究中的动物"使用"有共鸣。见 Gail Davies，"Caring for the Multiple and the Multitude：Assembling Animal Welfare and Enabling Ethical Critique，" *Environment and Planning D*：*Society and Space* 30，no.4（2012）。关于即使是善意的动物关怀，也伴随其自身的暴力这一论点，见 John Law，"Care and Killing：Tensions in Veterinary Practice，" in *Care in Practice*：*On Tinkering in Clinics*，*Homes and Farms*，ed. Annemarie Mol，Ingunn Moser，and Jeanette Pols（Bielefeld，Germany：Transcript Verlag，2010）。

21. 关于兄弟间相似性的进一步分析，见爱德华多·维韦罗斯·德·卡斯特罗的作品，他指出，在美洲印第安人中，范例性关系反而是与妻子之兄弟间的关系，他们有共有的东西，但对他们每个人来说有所不同：一个人的姐妹，是另一个人的妻子。例如这本不错的书，它的许多其他方面也与当今高度契合：Eduardo Viveiros de Castro，*Cannibal Metaphysics*，trans. P. Skafish（Minneapolis：University of Minnesota Press，2015）。

22. 关于当今生态环境被社会性和物质性地中介的方式，采用了全球南方的诸多案例，见 Lesley Green，ed.，*Contested Ecologies*：*Dialogues in the South on Nature and Knowledge*（Cape Town：HSRC Press，2013）。

23. 哪些东西合或不合食客们的胃口，哪些可能成为食物而哪些不能，显然很复杂，并在诸多方面存在争议。对于其中一些，见 Emma J. Roe, "Things Becoming Food and the Embodied, Material Practices of an Organic Food Consumer," *Sociologia Ruralis* 46, no.2（2006）。

24. 更多关于老鼠和人类，以及与它们相关的品尝 / 测试食物的不同方式，见 Annemarie Mol, "Layers or Versions? Human Bodies and the Love of Bitterness," in *The Routledge Handbook of Body Studies*, ed. Bryan S. Turner （Abingdon, UK: Routledge, 2012）。

25. 关于这背后的研究，见 Gry I. Skodje et al., "Fructan, Rather Than Gluten, Induces Symptoms in Patients with Self-Reported Non-celiac Gluten Sensitivity," *Gastroenterology* 154, no.3（2018）。

171　26. 关于微生物，见 Heather Paxson, *The Life of Cheese: Crafting Food and Value in America*（Berkeley: University of California Press, 2012）。

27. 我与塞巴斯蒂安·亚伯拉罕森共同撰写了关于夏威夷比萨的拓扑学。再次感谢他的启发。见 Sebastian Abrahamsson and Annemarie Mol, "Foods," in *The Routledge Handbook of Mobilities*, ed. Peter Adey et al.（London: Routledge, 2014）。关于全球"物"的复杂拓扑学，另见 John Law, "And If the Global Were Small and Noncoherent? Method, Complexity, and the Baroque," *Environment and Planning D: Society and Space* 22, no.1（2004）。

28. 玛丽·道格拉斯对这类规则进行了著名的专题研究，例如，她在她的自我民族志中说，如果她为其家人们做汤和甜点，而省略主菜，她的家人们会抱怨。见 Mary Douglas, "Deciphering a Meal," *Daedalus* 101, no.1 （1972）。

29. 目前，也有人认为母亲分泌的乳汁中也含有暴力——她体内聚积的毒素无意间喂给了婴儿。有关这一点，见 Eva-Maria Simms, "Eating One's Mother: Female Embodiment in a Toxic World," *Environmental Ethics* 31, no.3 （2009）。

30. 更详尽的分析见 Marilyn Strathern, *After Nature: English Kinship in the Late Twentieth Century*（New York: Cambridge University Press, 1992）。

31. 关于这个例子，根据在英国北部的研究，见 Jeanette Edwards and Marilyn Strathern, "Including Our Own," in *Cultures of Relatedness: New Directions in Kinship Studies*, ed. Janet Carsten（New York: Cambridge

University Press，2000）。

　　32. Donna J. Haraway，*When Species Meet*（Minneapolis：University of Minnesota Press，2013），19.

　　33. 关于肿瘤鼠的故事来自 Donna J. Haraway，*Modest_Witness@Second_ Millennium.FemaleMan*©*_Meets_OncoMouse*™：*Feminism and Technoscience*（New York：Routledge，1997）。其他作者也将人与动物的亲属关系延伸到进化树外。例如，见 Nickie Charles and Charlotte A. Davies，"My Family and Other Animals：Pets as Kin，" in *Human and Other Animals*，ed. Bob Carter and Nickie Charles（London：Palgrave Macmillan，2011）。

　　34. Haraway，*When Species Meet*，17.

　　35. Haraway，*When Species Meet*，295.

　　36. Haraway，*When Species Meet*，295.

　　37. 在政治和社会 / 文化生态学中，这一点已经以多种方式被理论化了。其中包括 Arturo Escobar，"After Nature：Steps to an Anti-essentialist Political Ecology，" *Current Anthropology* 40，no.1（1999）。

　　38. 同样，从经验上讲，我在这里没有讲述任何新的东西。我只想将这种令人担心的情况引入我们对**关联**的理解。关于生态和政治上重要之物的绝佳例子，见 Richard Peet，Paul Robbins，and Michael Watts，eds.，*Global Political Ecology*（Abingdon，UK：Routledge，2011）中收录的文章。关于"殖民地"当地的植物被清除，以便种植欧洲作物的论点，见 Alfred W. Crosby，*Ecological Imperialism：The Biological Expansion of Europe*，*900—1900*（Cambridge：Cambridge University Press，1986）。

　　39. 关于这个边界故事的更长版本，见 John Law and Annemarie Mol，"Globalisation in Practice：On the Politics of Boiling Pigswill，" *Geoforum* 39，no.1（2008）。关于该疾病的更多信息，见 John Law and Annemarie Mol，"Veterinary Realities：What Is Foot and Mouth Disease？，" *Sociologia Ruralis* 51，no.1（2011）。

　　40. 关于生长和破坏间的复杂的、通常是远距离的关系，见 Anna L. Tsing，*The Mushroom at the End of the World：On the Possibility of Life in Capitalist Ruins*（Princeton，NJ：Princeton University Press，2015）。关于人类干扰所散布的幽灵这一话题，见 Anna L. Tsing et al.，eds.，*Arts of Living*

172

on a Damaged Planet: *Ghosts and Monsters of the Anthropocene*（Minneapolis：University of Minnesota Press，2017）中收录的文章。

41. 该引文来自 Haraway，*When Species Meet*，21。

第六章

1. 在本段中，我从一本令人印象深刻的论文集中得到启发，它讨论的是如何结合民主和差异：Sheila Benhabib, ed., *Democracy and Difference*：*Contesting the Boundaries of the Political*（Princeton，NJ：Princeton University Press，1996）。

2. 关于"言论自由的环境"的理想情形，也可参见 Jürgen Habermas，*The Theory of Communicative Action*：*Lifeworld and Systems*，*a Critique of Functionalist Reason*，vol.1，trans. Thomas McCarthy（Cambridge，UK：Polity，1985）。关于作为政治论坛的故事讲述，见 Francesca Polletta，*It Was Like a Fever*：*Storytelling in Protest and Politics*（Chicago：University of Chicago Press，2006）。关于"无知之幕"，见 John Rawls，*A Theory of Justice*（1971；repr.，Cambridge，MA：Harvard University Press，2009）。关于接受对抗是政治的一部分，见 Chantal Mouffe，*The Return of the Political*（London：Verso，2005）；以及 Chantal Mouffe，*Agonistics*：*Thinking the World Politically*（London：Verso，2013）。

3. 针对"如果研究者们问对了问题，动物会比预期的要聪明得多"这一观点，见 Vincianne Despret，*What Would Animals Say If We Asked the Right Questions?*（Minneapolis：University of Minnesota Press，2016）。关于倾听植物，见 Eduardo Kohn，*How Forests Think*：*Toward an Anthropology beyond the Human*（Berkeley：University of California Press，2013）；以及 Hannah Pitt，"An Apprenticeship in Plant Thinking,"in *Participatory Research in More-Than-Human Worlds*，ed. Michelle Bastian et al.（London：Routledge，2016）。

173 4. 关于这一点和其他对思考有所启发的想法，即如果我们想严肃对待生态问题，我们对政治的理解必须发生深刻的转变，见 Bruno Latour，*Politics of Nature*，trans. Catherine Porter（Cambridge，MA：Harvard University Press，

2004）。关于一些近期的观点迭代，见 Bruno Latour, *Facing Gaia*: *Eight Lectures on the New Climatic Regime*, trans. Catherine Porter（Cambridge，UK: Polity，2017）。

5. 关于养殖昆虫以养活世界的雄心，见 Arnold Van Huis, Marcel Dicke, and Joop J. A. van Loon, "Insects to Feed the World," *Journal of Insects as Food and Feed* 1，no.1（2015）。

6. 请注意，当吃被视为一个消耗资源的问题时，紧接着的问题是这其中包括哪些资源。例如，我们是优先考虑卡路里（能量）还是营养（如果是营养，那么包括哪些营养：碳水化合物、脂肪，还是蛋白质?）。这些资源包不包括水? 外部性是否被考虑进去——如产生的粪肥和沼气——它们往哪里去? 除此之外，还有一个表征的问题。"资源"（这里指营养，那里指水）是分开并单独计算，还是考虑其间的纠缠? 关于后者的复杂性，见 Carolina Domínguez Guzmán, Andres Verzijl, and Margreet Zwarteveen, "Water Footprints and 'Pozas': Conversations about Practices and Knowledges of Water Efficiency," *Water* 9，no.1（2017）。

7. 感谢和菲利波·贝尔托尼、埃米莉·叶茨·杜尔进行联合田野调研的美好的一天。埃米莉在此领域深耕，在此我心怀感激地从她的分析中获得启发。在她的文章中，除其他外，她恰当地展示了"昆虫"这一类别是如何在"食用昆虫"的传播中被瓦解的。见 Emily Yates-Doerr, "The World in a Box? Food Security, Edible Insects, 和 'One World, One Health' Collaboration," *Social Science and Medicine* 129（2015）。关于将昆虫重新塑造为可食用的这一任务，另见 Alexandra E. Sexton, "Eating for the Post-Anthropocene: Alternative Proteins and the Biopolitics of Edibility," *Transactions of the Institute of British Geographers* 43，no.4（2018）。

8. 在这里，我追求的是**食用**昆虫，但昆虫显然也处于和吃没什么关系的各种利害关系中 。有关这一点，见下面这本精彩著作: Hugh Raffles, *Insectopedia*（New York: Vintage Books，2010）。

9. 因此，我在这里关注的"吃得好"在很多方面不同于雅克·德里达和让-吕克·南希之间作为对话标题和主题的"吃得好"。在那里，"主体"和"随之而来的东西"是以一种哲学的、非经验的模式被理论化的;"吃"是一个滑移的符号，而不是以诸多相互对立的方式演成的现实;而"好"

（well，或者用更有趣、更模棱两可的法语词 bien）是运用和超越列维纳斯伦理学的一种尝试。见 Jacques Derrida，"'Eating Well,' or the Calculation of the Subject：An Interview with Jacques Derrida," in *Who Comes after the Subject?*，ed. Eduardo Cadava，Peter Connor，and Jean-Luc Nancy（New York：Routledge，1991）。对于这一文本的激情洋溢的分析，见 Sara Guyer，"Albeit Eating：Towards an Ethics of Cannibalism," *Angelaki* 2，no.1（1997）。

10. 不同版本的现实并没有形成一种多重性；它们之间可能既相互依赖又相互冲突。关于前者，见 Marilyn Strathern，*Partial Connections*，updated ed.（Savage，MD：Rowman & Littlefield，2004），关于后者，见 Anna L. Tsing，*Friction：An Ethnography of Global Connection*（Princeton，NJ：Princeton University Press，2004）。

11. 阐释嵌入实践及其材料中的政治的写作，见 Andrew Barry，*Political Machines：Governing a Technological Society*（London：A&C Black，2001）；Andrew Barry，*Material Politics：Disputes along the Pipeline*（Chichester，UK：John Wiley & Sons，2013）；更多见解，见 Noortje Marres，"Why Political Ontology Must Be Experimentalized：On Eco-Show Homes as Devices of Participation," *Social Studies of Science* 43，no.3（2013）；Noortje Marres，*Material Participation：Technology, the Environment and Everyday Publics*（New York：Springer，2016）。

12. Hannah Arendt，*The Human Condition*（1958；repr.，Chicago：University of Chicago Press，2013），115.

13. 这里一个额外的复杂性是，英语中的 cycle 一词并不一定等于循环。生命周期（life cycle）这个短语，并非指生生不息的东西，而是指像生命一样，有"开始、中间、结束"的东西——结束后仿佛什么都没有发生过。见 Angela M. O'Rand and Margaret L. Krecker，"Concepts of the Life Cycle：Their History, Meanings, and Uses in the Social Sciences," *Annual Review of Sociology* 16，no.1（1990）。

14. "吃得好"带来了不同的价值主张，它们详述了"好"的意味，以及不同的评估技巧，而这些技巧不仅仅包括**判断**，还包括**修正和改进**被评估对象的那些方式，见 Frank Heuts 和 Annemarie Mol，"What Is a Good Tomato? A Case of Valuing in Practice," *Valuation Studies* 1，no.2（2013）。

15. 再一次，就像在关于**行动**的一章中，在疾病、残疾或其他复杂问题的语境中，我承认我和我同事们试图描述"照护"的方式有着明显的共鸣。见 Annemarie Mol, *The Logic of Care: Health and the Problem of Patient Choice*（London: Routledge, 2008），以及文集 Annemarie Mol, Ingunn Moser, and Jeannette Pols, ed., *Care in Practice: On Tinkering in Clinics, Homes and Farms*（Bielefeld, Germany: Transcript Verlag, 2010）中收录的论文。

16. 关于这一论点更早和更详尽的一个版本，见 Valerie Plumwood 的两部作品：*Feminism and the Mastery of Nature*（London: Routledge, 1993）和 *Environmental Culture: The Ecological Crisis of Reason*（London: Routledge, 2002）。近来，有人提出了这样的担忧：无论"我"多么希望自己最终成为食物，我也许终究不是好的肥料。由于长年累月的饮食，一个年老的、被喂养良好的人体可能积累了很多有毒的化学物质。我在这里遗漏了另一个复杂的问题，见 Jacqueline Elam and Chase Pielak, *Corpse Encounters: An Aesthetics of Death*（Lanham, MD: Lexington Books, 2018）。关于一个激励人心的实验，见 Jae R. Lee, "My Mushroom Burial Suit," TED Talk, July 2011, www.ted.com/talks/jae_rhim_lee。

17. 最终的对话见 Annemarie Mol, "Natures in Tension," in *Natures in Modern Society, Now and in the Future*, ed. Ed Dammers（The Hague: Netherlands Environmental Assessment Agency, 2017），https://www.pbl.nl/en/publications/nature-in-modern-society。

175

参考文献

Abrahamsson, Sebastian. "An Actor Network Analysis of Constipation and Agency: Shit Happens." *Subjectivity* 7, no.2（2014）: 111—130.

Abrahamsson, Sebastian. "Cooking, Eating and Digesting: Notes on the Emergent Normativities of Food and Speeds." *Time and Society* 23, no.3（2014）: 287—308.

Abrahamsson, Sebastian, and Filippo Bertoni. "Compost Politics: Experimenting with Togetherness in Vermicomposting." *Environmental Humanities* 4, no.1（2014）: 125—148.

Abrahamsson, Sebastian, Filippo Bertoni, Annemarie Mol, and Rebeca Ibañez Martín. "Living with Omega-3: New Materialism and Enduring Concerns." *Environment and Planning D: Society and Space* 33, no.1（2015）: 4—19.

Abrahamsson, Sebastian, and Annemarie Mol. "Foods." In *The Routledge Handbook of Mobilities*, edited by Peter Adey, David Bisell, Kevin Hannam, Peter Merriman, and Mimi Sheller, 298—307. London: Routledge, 2014.

Abrahamsson, Sebastian, and Paul Simpson. "The Limits of the Body: Boundaries, Capacities, Thresholds." *Social and Cultural Geography* 12, no.4（2011）: 331—338.

Anderson, Patrick." *So Much Wasted*": *Hunger, Performance, and the*

Morbidity of Resistance. Durham, NC: Duke University Press, 2010.

Arendt, Hannah. *The Human Condition*. 1958. Reprint, Chicago: University of Chicago Press, 2013.

Arneil, Barbara. "Trade, Plantations, and Property: John Locke and the Economic Defense of Colonialism." *Journal of the History of Ideas* 55, no.4 (1994): 591—609.

Ashton, John, and Howard Seymour. *The New Public Health*. Milton Keynes, UK: Open University Press, 1988.

Avramescu, Cătălin. *An Intellectual History of Cannibalism*. Translated by Alistair Ian Blyth. Princeton, NJ: Princeton University Press, 2009.

Balmer, Andrew, and Susan Molyneux-Hodgson. "Bacterial Cultures: Ontologies of Bacteria and Engineering Expertise at the Nexus of Synthetic Biology and Water Services." *Engineering Studies* 5, no.1 (2013): 59—73.

Barker, Francis, Peter Hulme, and Margaret Iversen, eds. *Cannibalism and the Colonial World*. Cambridge: Cambridge University Press, 1998.

Barry, Andrew. *Material Politics: Disputes along the Pipeline*. Chichester, UK: John Wiley & Sons, 2013.

Barry, Andrew. *Political Machines: Governing a Technological Society*. London: A&C Black, 2001.

Barry, Andrew. "Thermodynamics, Matter, Politics." *Distinktion* 16, no.1 (2015): 110—125.

Barth, Else M. *The Logic of the Articles in Traditional Philosophy: A Contribution to the Study of Conceptual Structures*. Dordrecht: Springer Netherlands, 2012.

Bashkow, Ira. *The Meaning of Whitemen: Race and Modernity in the Orokaiva Cultural World*. Chicago: University of Chicago Press, 2006.

Bate, Jonathan. *Romantic Ecology: Wordsworth and the Environmental Tradition*. London: Routledge, 1991.

Benhabib, Sheila, ed. *Democracy and Difference: Contesting the Boundaries of the Political*. Princeton, NJ: Princeton University Press, 1996.

Bertoni, Filippo. "Charming Worms: Crawling between Natures." *Cambridge Journal of Anthropology* 30, no.2 (2012): 65—81.

Bertoni, Filippo. "Soil and Worm: On Eating as Relating." *Science as Culture* 22, no.1（2013）: 61—85.

Bigras, Erik, and Kim Fortun. "Innovation in Asthma Research: Using Ethnography to Study a Global Health Problem." *Ethnography Matters*, October 27, 2012. http://ethnographymatters.net/blog/2012/10/27/the-asthma-files/.

Blok, Josine. *Citizenship in Classical Athens.* Cambridge: Cambridge University Press, 2017.

Bloor, David. *Wittgenstein: A Social Theory of Knowledge.* New York: Columbia University Press, 1983.

Bod, Rens. *A New History of the Humanities: The Search for Principles and Patterns from Antiquity to the Present.* Oxford: Oxford University Press, 2013.

Buller, Henry, and Emma J. Roe. *Food and Animal Welfare.* London: Bloomsbury, 2018.

Buytendijk, Frederik J. J. *De vrouw: Haar natuur, verschijning en bestaan.* Utrecht: Het Spectrum, 1951.

Bynum, Caroline W. *Holy Feast and Holy Fast: The Religious Significance of Food to Medieval Women.* Berkeley: University of California Press, 1988.

Canguilhem, George. *The Normal and the Pathological.* 1966. Reprint, Cambridge, MA: MIT Press, 1989.

Caplan, Pat, ed. *Food, Health and Identity.* Milton Park, UK: Routledge, 2013. Carolan, Michael. *The Real Cost of Cheap Food.* London: Routledge, 2018. Carolan, Michael. *The Sociology of Food and Agriculture.* London: Routledge, 2016.

Casey, Emma. "From *Cookery in Colour* to *The Great British Bake Off*: Shifting. Gendered Accounts of Home-Baking and Domesticity." *European Journal of Cultural Studies* 2, nos.5—6（2019）: 579—594.

Cassin, Barbara, Emily Apter, Jacques Lezra, and Michael Wood. *Dictionary of Untranslatables: A Philosophical Lexicon.* Princeton, NJ: Princeton University Press, 2014. Originally published as *Vocabulaire européen des philosophies: Dictionaire des intraduisibles*（Paris: Le Seuil and Le Robert, 2004）.

Chamovitz, Daniel. *What a Plant Knows: A Field Guide to the Senses.* New

York: Scientific American/Farrar, Straus and Giroux, 2012.

Charles, Nickie, and Charlotte A. Davies. "My Family and Other Animals: Pets as Kin." In *Human and Other Animals*, edited by Bob Carter and Nickie Charles, 62—92. London: Palgrave Macmillan, 2011.

Cheung, Sidney, and David Y. H. Wu, eds. *The Globalisation of Chinese Food.* London: Routledge, 2014.

Choy, Timothy K. *Ecologies of Comparison: An Ethnography of Endangerment in Hong Kong.* Durham, NC: Duke University Press, 2011.

Christensen, Bodil Just, and Line Hillersdal. "The Taste of Intervention." In *Making Taste Public: Ethnographies of Food and the Senses*, edited by Carole Counihan and Susanne Højlund, 25—38. London: Bloomsbury Academic, 2018.

Cohen, Ed. *A Body Worth Defending: Immunity, Biopolitics, and the Apotheosis of the Modern Body.* Durham, NC: Duke University Press, 2009.

Cook, Ian, Peter Jackson, Allison Hayes-Conroy, Sebastian Abrahamsson, Rebecca Sandover, Mimi Sheller, Heike Henderson, Lucius Hallet, Shoko Imai, Damian Maye, and Ann Hill. "Food's Cultural Geographies: Texture, Creativity and Publics." In *The Wiley-Blackwell Companion to Cultural Geography*, edited by Nuala C. Johnson, Richard H. Schein, and Jamie Winders, 343—354. Oxford: Wiley-Blackwell, 2013.

Counihan, Carole M. *The Anthropology of Food and Body: Gender, Meaning, and Power.* Hove, UK: Psychology Press, 1999.

Crosby, Alfred W. *Ecological Imperialism: The Biological Expansion of Europe, 900—1900.* Cambridge: Cambridge University Press, 1986.

Dal Lago, Enrico, and Constantina Katsari, eds. *Slave Systems: Ancient and Modern.* Cambridge: Cambridge University Press, 2008.

Davenport, Horace W. *A History of Gastric Secretion and Digestion: Experimental Studies to 1975.* New York: Springer, 1992.

Davies, Gail. "Caring for the Multiple and the Multitude: Assembling Animal Welfare and Enabling Ethical Critique." *Environment and Planning D: Society and Space* 30, no.4 (2012): 623—638.

De Laet, Marianne, and Annemarie Mol. "The Zimbabwe Bush

Pump: Mechanics of a Fluid Technology." *Social Studies of Science* 30, no.2 (2000): 225—263. De Matos Viegas, Susana. "Pleasures That Differentiate: Transformational Bodies among the Tupinambá of Olivença (Atlantic Coast, Brazil) ." *Journal of the Royal Anthropological Institute* 18, no.3 (2012): 536—553.

Derrida, Jacques. "'Eating Well,' or the Calculation of the Subject: An Interview with Jacques Derrida." In *Who Comes after the Subject?* , edited by Eduardo Cadava, Peter Connor, and Jean-Luc Nancy, 96—119. New York: Routledge, 1991.

Despret, Vincianne. *What Would Animals Say If We Asked the Right Questions?* Minneapolis: University of Minnesota Press, 2016.

Devlieger, Patrick, and Jori De Coster. "On Footwear and Disability: A Dance of Animacy?" *Societies* 7, no.2 (2017): 16.

Diprose, Rosalyn, and Jack Reynolds. *Merleau-Ponty: Key Concepts.* London: Routledge, 2014.

Domínguez Guzmán, Carolina, Andres Verzijl, and Margreet Zwarteveen. "Water Footprints and 'Pozas': Conversations about Practices and Knowledges of Water Efficiency." *Water* 9, no.1 (2017): 16.

Douglas, Mary. "Deciphering a Meal." *Daedalus* 101, no.1 (1972): 61—81. Douglas, Mary, ed. *Food in the Social Order.* 1973. Reprint, London: Routledge, 2014.

Dupré, John. *Processes of Life: Essays in the Philosophy of Biology.* Oxford: Oxford University Press, 2012.

Dwiartama, Angga, and Cinzia Piatti. "Assembling Local, Assembling Food Security." *Agriculture and Human Values* 33, no.1 (2016): 153—164.

Dwiartama, Angga, and Christopher Rosin. "Exploring Agency beyond Humans: The Compatibility of Actor-Network Theory (ANT) and Resilience Thinking." *Ecology and Society* 19, no.3 (2014): 28.

Earle, Rebecca. *The Body of the Conquistador: Food, Race and the Colonial Experience in Spanish America, 1492—1700.* Cambridge: Cambridge University Press, 2012.

Edwards, Jeanette, and Marilyn Strathern. "Including Our Own." In

Cultures of Relatedness: *New Directions in Kinship Studies*, edited by Janet Carsten, 149—166. New York: Cambridge University Press, 2000.

Elam, Jacqueline, and Chase Pielak. *Corpse Encounters*: *An Aesthetics of Death*. Lanham, MD: Lexington Books, 2018.

Ellis, Carolyn. *The Ethnographic I*: *A Methodological Novel about Autoethnography*. Walnut Creek, CA: Altamira Press, 2004.

Erlmann, Veit, ed. *Hearing Cultures*: *Essays on Sound, Listening and Modernity*. Oxford: Berg, 2004.

Erlmann, Veit. *Reason and Resonance*: *A History of Modern Aurality*. New York: Zone Books, 2010.

Escobar, Arturo. "After Nature: Steps to an Anti-essentialist Political Ecology." *Current Anthropology* 40, no.1 (1999): 1—30.

Farquhar, Judith. *Appetites*: *Food and Sex in Post-socialist China*. Durham, NC: Duke University Press, 2002.

Fine, Gary Alan. *Kitchens*: *The Culture of Restaurant Work*. Berkeley: University of California Press, 2008.

Fleck, Ludwig. *Genesis and Development of a Scientific Fact*. 1935. Reprint, Berkeley: University of California Press, 1981.

Flynn, Karen Coen. *Food, Culture, and Survival in an African City*. New York: Palgrave Macmillan, 2005.

Foucault, Michel. *Archaeology of Knowledge*. 1969. Reprint, London: Routledge, 2013.

Foucault, Michel. *Discipline and Punish*: *The Birth of the Prison*. 1975. Reprint, New York: Vintage Books, 2012.

Foucault, Michel. *The History of Sexuality*, vol. 2: *The Use of Pleasure*. 1985. Reprint, New York: Vintage Books, 2012.

Foucault, Michel. *Madness and Civilization*. 1962. Reprint, London: Routledge, 2003.

Francione, Gary L., and Robert Garner. *The Animal Rights Debate*: *Abolition or Regulation*? New York: Columbia University Press, 2010.

George, Rose. *The Big Necessity*: *Adventures in the World of Human Waste*. London: Portobello Books, 2011.

Geurts, Kathryn. *Culture and the Senses: Bodily Ways of Knowing in an African Community.* Berkeley: University of California Press, 2003.

Godfrey-Smith, Peter. *Other Minds: The Octopus, the Sea, and the Deep Origins of Consciousness.* New York: Farrar, Straus and Giroux, 2016.

Goldstein, David. "Emmanuel Levinas and the Ontology of Eating." *Gastronomica* 10, no.3（2010）: 34—44.

Goldstein, Kurt. *The Organism: A Holistic Approach to Biology Derived from Pathological Data in Man.* New York: Zone Books, 1995.

Goody, Jack. *Cooking, Cuisine and Class: A Study in Comparative Sociology.* Cambridge: Cambridge University Press, 1982.

Graeber, David. "Consumption." *Current Anthropology* 52, no.4（2011）: 489—551. Green, Lesley, ed. *Contested Ecologies: Dialogues in the South on Nature and Knowledge.* Cape Town: HSRC Press, 2013.

Greenhough, Beth, and Emma Roe. "From Ethical Principles to Response-Able Practice." *Environment and Planning D: Society and Space* 28, no.1（2010）: 43—45.

Griffioen-Roose, Sanne, Monica Mars, Els Siebelink, Graham Finlayson, Daniel Tomé, and Cees de Graaf. "Protein Status Elicits Compensatory Changes in Food Intake and Food Preferences." *American Journal of Clinical Nutrition* 95, no.1（2012）: 32—38.

Guadeloupe, Francio. *So How Does It Feel to Be a Black Man Living in the Netherlands? An Anthropological Answer.* Forthcoming.

Guthman, Julie. *Weighing In: Obesity, Food Justice, and the Limits of Capitalism.* Berkeley: University of California Press, 2011.

Guyer, Sara. "Albeit Eating: Towards an Ethics of Cannibalism." *Angelaki* 2, no.1（1997）: 63—80.

Habermas, Jürgen. *The Theory of Communicative Action: Lifeworld and Systems, a Critique of Functionalist Reason.* Vol. 1. Translated by Thomas McCarthy. Cambridge, UK: Polity, 1985.

Haines, Helen R., and Clare A. Sammells, eds. *Adventures in Eating: Anthropological Experiences in Dining from around the World.* Boulder: University Press of Colorado, 2010.

Halkier, Bente, Lotte Holm, Malfada Domingues, Paolog Magaudda, Annemette Nielsen, and Laura Terragni. "Trusting, Complex, Quality Conscious or Unprotected? Constructing the Food Consumer in Different European National Contexts." *Journal of Consumer Culture* 7, no.3 (2007): 379—402.

Haraway, Donna J. *Modest_Witness@Second_Millennium.FemaleMan©_ Meets _OncoMouse^TM: Feminism and Technoscience*. New York: Routledge, 1997.

Haraway, Donna J. *Staying with the Trouble: Making Kin in the Chthulucene*. Durham, NC: Duke University Press, 2016.

Haraway, Donna J. *When Species Meet*. Minneapolis: University of Minnesota Press, 2013.

Harbers, Hans. "Animal Farm Love Stories." In *Care in Practice*. Mol, Moser and Pols, 141—170.

Hardon, Anita, and Emilia Sanabria. "Fluid Drugs: Revisiting the Anthropology of Pharmaceuticals." *Annual Review of Anthropology* 46 (2017): 117—132.

Harrington, Anne. *Reenchanted Science: Holism in German Culture from Wilhelm II to Hitler*. Princeton, NJ: Princeton University Press, 1999.

Harris, Marvin. *Good to Eat: Riddles of Food and Culture*. Long Grove, IL: Waveland Press, 1998.

Head, Lesley, Jennifer Atchison, and Catherine Phillips. "The Distinctive Capacities of Plants: Re-thinking Difference via Invasive Species." *Transactions of the Institute of British Geographers* 40, no.3 (2015): 399—413.

Heuts, Frank, and Annemarie Mol. "What Is a Good Tomato? A Case of Valuing in Practice." *Valuation Studies* 1, no.2 (2013): 125—146.

Hirschauer, Stefan. "Putting Things into Words: Ethnographic Description and the Silence of the Social." *Human Studies* 29, no.4 (2006): 413—441.

Hirschauer, Stefan, and Annemarie Mol. "Shifting Sexes, Moving Stories: Feminist/Constructivist Dialogues." *Science, Technology, and Human Values* 20, no.3 (1995): 368—385.

Holt-Giménez, Eric, and Rai Patel, eds. *Food Rebellions: Crisis and the*

Hunger for Justice. Oakland, CA: Food First Books; Oxford: Pambazooka Press, 2012.

Holtzman, Jon. *Uncertain Tastes: Memory, Ambivalence, and the Politics of Eating in Samburu, Northern Kenya*. Berkeley: University of California Press, 2009.

Honig, Bonnie. "Difference, Dilemmas, and the Politics of Home." In "Liberalism," special issue, *Social Research* 61, no.3 (1994): 563—597.

Honig, Bonnie, ed. *Feminist Interpretations of Hannah Arendt*. University Park: Penn State University Press, 2010.

Hoogsteyns, Maartje, and Hilje van der Horst. "How to Live with a Taboo Instead of 'Breaking It': Alternative Empowerment Strategies of People with Incontinence." *Health Sociology Review* 24, no.1 (2015): 38—47.

Howes, David. *Sensual Relations: Engaging the Senses in Culture and Social Theory*. Ann Arbor: University of Michigan Press, 2010.

Howes, David, and Constance Classen. *Ways of Sensing: Understanding the Senses in Society*. London: Routledge, 2013.

Hutchins, Edwin. *Cognition in the Wild*. Cambridge, MA: MIT Press, 1995. Inglis, David, and Debra Gimlin, eds. *The Globalization of Food*. Oxford: Berg, 2009.

Ingold, Tim. "Footprints through the Weather-World: Walking, Breathing, Knowing." Journal of the Royal *Anthropological Institute* 16, no.1 (2010): S121—S139.

Ingold, Tim, and Jo Lee Vergunst, eds. *Ways of Walking: Ethnography and Practice on Foot*. Aldershot, UK: Ashgate, 2008.

Jackson, Peter, ed. *Food Words: Essays in Culinary Culture*. London: Bloomsbury, 2014.

Jakobsen, Gry S. "Tastes: Foods, Bodies and Places in Denmark." PhD diss., University of Copenhagen, 2013.

Janeja, Manpreet K. *Transactions in Taste: The Collaborative Lives of Everyday Bengali Food*. New Delhi: Routledge, 2010.

Jonas, Hans. *The Phenomenon of Life: Toward a Philosophical Biology*. 1966. Reprint, Evanston, IL: Northwestern University Press, 2001.

Kierans, Ciara. "The Intimate Uncertainties of Kidney Care: Moral Economy and Treatment Regimes in Comparative Perspective." *Anthropological Journal of European Cultures* 27, no.2 (2018): 65—84.

Knorr-Cetina, Karin. *Epistemic Cultures: How the Sciences Make Knowledge*. Cambridge, MA: Harvard University Press, 1999.

Kohn, Eduardo. *How Forests Think: Toward an Anthropology beyond the Human*. Berkeley: University of California Press, 2013.

Kontopodis, Michalis. "How and Why Should Children Eat Fruit and Vegetables? Ethnographic Insights into Diverse Body Pedagogies." *Social Science and Medicine* 143 (2015): 297—303. Korsmeyer, Carolyn. *Making Sense of Taste: Food and Philosophy*. Ithaca, NY: Cornell University Press, 1999.

Korsmeyer, Carolyn. *Savoring Disgust: The Foul and the Fair in Aesthetics*. Oxford: Oxford University Press, 2011.

Krause, Sharon R. "Bodies in Action: Corporeal Agency and Democratic Politics." *Political Theory* 39, no.3 (2011): 299—324.

Kuhn, Thomas S. *The Structure of Scientific Revolutions*. Chicago: University of Chicago Press, 1962.

Kuklick, Henrika. *The Savage Within: The Social History of British Anthropology, 1885—1945*. Cambridge: Cambridge University Press, 1991.

Kuriyama, Shigehisa. *The Expressiveness of the Body and the Divergence of Greek and Chinese Medicine*. New York: Zone Books, 1999.

Kwa, Chunglin. "Alexander von Humboldt's Invention of the Natural Landscape." *European Legacy* 10, no.2 (April 2005): 149—162.

Kwa, Chunglin. *Styles of Knowing: A New History of Science from Ancient Times to the Present*. Pittsburgh: University of Pittsburgh Press, 2011.

Lakoff, George, and Mark Johnson. *Metaphors We Live By*. Chicago: University of Chicago Press, 1980.

Landecker, Hannah. "Food as Exposure: Nutritional Epigenetics and the New Metabolism." *BioSocieties* 6, no.2 (2011): 167—194.

Landecker, Hannah, and Aaron Panofsky. "From Social Structure to Gene Regulation, and Back: A Critical Introduction to Environmental Epigenetics for Sociology." *Annual Review of Sociology* 39 (2013): 333—357.

Lang, Tim, and Michael Heasman. *Food Wars: The Global Battle for Mouths, Minds and Markets*. London: Routledge, 2015.

Latour, Bruno. *Facing Gaia: Eight Lectures on the New Climatic Regime*. Translated by Catherine Porter. Cambridge, UK: Polity, 2017.

Latour, Bruno. *The Pasteurization of France*. Cambridge, MA: Harvard University Press, 1993.

Latour, Bruno. *Politics of Nature*. Translated by Catherine Porter. Cambridge, MA: Harvard University Press, 2004.

Latour, Bruno. "Trains of Thought: Piaget, Formalism, and the Fifth Dimension." *Common Knowledge* 6 (1997): 170—191.

Latour, Bruno, and Steve Woolgar. *Laboratory Life: The Construction of Scientific Facts*. 1979. Reprint, Princeton, NJ: Princeton University Press, 1986.

Lave, Jean. *Cognition in Practice: Mind, Mathematics and Culture in Everyday Life*. Cambridge: Cambridge University Press, 1988.

Lavis, Anne. "Food, Bodies, and the 'Stuff' of (Not) Eating in Anorexia." *Gastronomica* 16, no.3 (2016): 56—65.

Law, John. "And If the Global Were Small and Noncoherent? Method, Complexity, and the Baroque." *Environment and Planning D: Society and Space* 22, no.1 (2004): 13—26.

Law, John. "Care and Killing: Tensions in Veterinary Practice." In Mol, Moser, and Pols, *Care in Practice*, 57—72.

Law, John. "On the Subject of the Object: Narrative, Technology, and Interpellation." *Configurations* 8, no.1 (2000): 1—29.

Law, John, and Annemarie Mol. "Globalisation in Practice: On the Politics of Boiling Pigswill." *Geoforum* 39, no.1 (2008): 133—143.

Law, John, and Annemarie Mol. "Veterinary Realities: What Is Foot and Mouth Disease?" *Sociologia Ruralis* 51, no.1 (2011): 1—16.

Lawrence, Christopher, and Steven Shapin, eds. *Science Incarnate: Historical Embodiments of Natural Knowledge*. Chicago: University of Chicago Press, 1998.

Lee, Jae R. "My Mushroom Burial Suit." TED Talk, July 2011. www.ted.

com/talks/jae_rhim_lee.

Le Heron, Richard, Hugh Campbell, Nick Lewis, and Michael Carolan, eds. *Biological Economies: Experimentation and the Politics of Agri-Food Frontiers.* Abingdon, UK: Routledge, 2016.

Lettinga, Ant, and Annemarie Mol. "Clinical Specificity and the Non-generalities of Science." *Theoretical Medicine and Bioethics* 20, no.6（1999）: 517—535.

Levinas, Emmanuel. *Totality and Infinity: An Essay on Exteriority.* Dordrecht: Martinus Nijhoff, 1979. Originally published as *Totalité et infini: Essai sur l'extériorité*（La Haye: Martinus Nijhoff, 1961）.

Lévi-Strauss, Claude. *The Savage Mind.* Chicago: University of Chicago Press, 1966.

Liboiron, Max, Manuel Tironi, and Nerea Calvillo. "Toxic Politics: Acting in a Permanently Polluted World." *Social Studies of Science* 48, no.3（2018）: 331—349.

Lien, Marianne, and J. Law. "'Emergent Aliens': On Salmon, Nature, and Their Enactment." *Ethnos* 76, no.1（2011）: 65—87.

Lock, Margaret. *Encounters with Aging: Mythologies of Menopause in Japan and North America.* Berkeley: University of California Press, 1994.

Mann, Anna. "Ordering Tasting in a Restaurant: Experiencing, Socializing, and Processing Food." *Senses and Society* 13, no.2（2018）: 135—146.

Mann, Anna. "Sensory Science Research on Taste: An Ethnography of Two Laboratory Experiments in Western Europe." *Food and Foodways* 26, no.1（January 2018）: 23—39.

Mann, Anna. "Which Context Matters? Tasting in Everyday Life Practices and Social Science Theories." *Food, Culture and Society* 18, no.3（2015）: 399—417.

Mann, Anna, and Annemarie Mol. "Talking Pleasures, Writing Dialects: Outlining Research on Schmecka." *Ethnos*（2018）: 1—17.

Mann, Anna, Annemarie Mol, Pryia Satalkar, Amalinda Savirani, Nasima Selim, Malini Sur, and Emily Yates-Doerr. "Mixing Methods, Tasting

Fingers: Notes on an Ethnographic Experiment." *HAU: Journal of Ethnographic Theory* 1, no.1（2011）: 221—243.

Marres, Noortje. *Material Participation: Technology, the Environment and Everyday Publics*. New York: Springer, 2016.

Marres, Noortje. "Why Political Ontology Must Be Experimentalized: On Eco-Show Homes as Devices of Participation." *Social Studies of Science* 43, no.3（2013）: 417—443.

Martinez-Torres, Maria Elena. *Organic Coffee: Sustainable Development by Mayan Farmers*. Athens: Ohio University Press, 2006.

McGee, Harold. *On Food and Cooking: The Science and Lore of the Kitchen*. New York: Scribner, 2004.

M'charek, Amâde. "Beyond Fact or Fiction: On the Materiality of Race in Practice." *Cultural Anthropology* 28, no.3（2013）: 420—442.

M'charek, Amâde. "Fragile Differences, Relational Effects: Stories about the Materiality of Race and Sex." *European Journal of Women's Studies* 17, no.4（2010）: 307—322.

M'charek, Amâde, Katharina Schramm, and David Skinner. "Topologies of Race: Doing Territory, Population and Identity in Europe." *Science, Technology, and Human Values* 39, no.4（2014）: 468—487.

Meadows, Donella, Dennis Meadows, Jurgen Randers, and William Behrens Ⅲ. *The Limits to Growth: A Report to the Club of Rome*. New York: Universe Books, 1972.

Merleau-Ponty, Maurice. *The Phenomenology of Perception*. 1958. Reprint, London: Routledge, 2005. Originally published as *La phénoménologie de la perception*（Paris: Editions Gallimard, 1945）.

Mintz, Sidney W. *Sweetness and Power: The Place of Sugar in Modern History*. New York: Viking, 1985.

Mintz, Sidney W., and Christine M. Du Bois. "The Anthropology of Food and Eating." *Annual Review of Anthropology* 31, no.1（2002）: 99—119.

Mody, Cyrus C. "The Sounds of Science: Listening to Laboratory Practice." *Science, Technology, and Human Values* 30, no.2（2005）: 175—198.

Mol, Annemarie. "Bami Goreng for Mrs Klerks and Other Stories on Food and Culture." In *Debordements: Mélanges offerts à Michel Callon*, edited by Madeleine Akrich, Yannick Barthe, Fabian Muniesa, and Phelippe Mustar, 325—334. Paris: Presses Ecole de Mînes, 2010.

Mol, Annemarie. *The Body Multiple: Ontology in Medical Practice.* Durham, NC: Duke University Press, 2003.

Mol, Annemarie. "Care and Its Values: Good Food in the Nursing Home." In Mol, Moser, and Pols, *Care in Practice*, 215—234.

Mol, Annemarie. "Dit is geen programma: Over empirische filosofie." *Krisis* 1, no.1 (2000): 6—26.

Mol, Annemarie. "I Eat an Apple: On Theorizing Subjectivities." *Subjectivity* 22, no.1 (2008): 28—37.

Mol, Annemarie. "Language Trails: 'Lekker' and Its Pleasures." *Theory, Culture and Society* 31, nos. 2—3 (2014): 93—119.

Mol, Annemarie. "Layers or Versions? Human Bodies and the Love of Bitterness." In *The Routledge Handbook of Body Studies*, edited by Bryan S. Turner, 119—129. Abingdon, UK: Routledge, 2012.

Mol, Annemarie. *The Logic of Care: Health and the Problem of Patient Choice.* London: Routledge, 2008.

Mol, Annemarie. "Mind Your Plate! The Ontonorms of Dutch Dieting." *Social Studies of Science* 43, no.3 (2013): 379—396.

Mol, Annemarie. "Natures in Tension." In *Natures in Modern Society, Now and in the Future*, edited by Ed Dammers, 88—98. The Hague: Netherlands Environmental Assessment Agency, 2017. https://www.pbl.nl/en/publications/nature-in-modern-society.

Mol, Annemarie. "Ondertonen en boventonen: Over empirische filosofie." In *Burgers en Vreemdelingen*, edited by Dick Pels and Gerard de Vries, 77—84. Amsterdam: Van Gennep, 1994.

Mol, Annemarie. "Who Knows What a Woman Is ... : On the Differences and the Relations between the Sciences." *Medicine, Anthropology, Theory* 2, no.1 (2015): 57—75.

Mol, Annemarie, and John Law. "Regions, Networks and Fluids: Anaemia and Social Topology." *Social Studies of Science* 24, no.4 (1994):

641—671.

Mol, Annemarie, Ingunn Moser, and Jeannette Pols. "Care: Putting Practice into Theory." In Mol, Moser, and Pols, *Care in Practice*, 7—27.

Mol, Annemarie, Ingunn Moser, and Jeannette Pols, eds. *Care in Practice: On Tinkering in Clinics, Homes and Farms.* Bielefeld, Germany: Transcript Verlag, 2010.

Monteiro, Carlos A. "Nutrition and Health: The Issue Is Not Food, nor Nutrients, So Much as Processing." *Public Health Nutrition* 12, no.5（2009）: 729—731.

Moser, Ingunn. "On Becoming Disabled and Articulating Alternatives: The Multiple Modes of Ordering Disability and Their Interferences." *Cultural Studies* 19, no.6（2005）: 667—700.

Moser, Ingunn. "Perhaps Tears Should Not Be Counted but Wiped Away: On Quality and Improvement in Dementia Care." In Mol, Moser, and Pols, *Care in Practice*, 277—300.

Mouffe, Chantal. *Agonistics: Thinking the World Politically.* London: Verso, 2013.

Mouffe, Chantal. *The Return of the Political.* London: Verso, 2005.

Müller, Sophie M. "Distributed Corporeality: Anatomy, Knowledge and the Technological Reconfiguration of Bodies in Ballet." *Social Studies of Science* 48, no.6（2018）: 869—890.

Müller, Sophie M. "Ways of Relating." In *Moving Bodies in Interaction— Interacting Bodies in Motion: Intercorporeality, Interkinesthesia, and Enaction in Sports*, edited by Christian Meyer and Ulrich V. Wedelstaedt. Amsterdam: John Benjamins, 2017.

Murcott, Anne. "Cooking and the Cooked: A Note on the Domestic Preparation of Meals." In *The Sociology of Food and Eating*, edited by Anne Murcott, 178—185. Farnham, UK: Gower, 1983.

Nanninga, Christa S., Louise Meijering, Klaas Postema, Marleen Schönherr, and Ant Lettinga. "Unpacking Community Mobility: A Preliminary Study into the Embodied Experiences of Stroke Survivors." *Disability and Rehabilitation* 40, no.17（2018）: 2015—2024.

Nauta, Lolle W. "De subcultuur van de wijsbegeerte: Een privé geschiedenis van de filosofie." *Krisis* 38（2006）: 5—19.

Nestle, Marion. *Food Politics: How the Food Industry Influences Nutrition and Health.* Berkeley: University of California Press, 2013.

Niewöhner, Jörg, and Margaret Lock. "Situating Local Biologies: Anthropological Perspectives on Environment/Human Entanglements." *BioSocieties* 13, no.4（2018）: 681—697.

Noë, Alva. *Out of Our Heads: Why You Are Not Your Brain, and Other Lessons from the Biology of Consciousness.* New York: Hill and Wang, 2009.

O'Rand, Angela M., and Margaret L. Krecker. "Concepts of the Life Cycle: Their History, Meanings, and Uses in the Social Sciences." *Annual Review of Sociology* 16, no.1（1990）: 241—262.

Otis, Laura. *Membranes: Metaphors of Invasion in Nineteenth-Century Literature, Science, and Politics.* Baltimore: Johns Hopkins University Press, 2000.

Paxson, Heather. *The Life of Cheese: Crafting Food and Value in America.* Berkeley: University of California Press, 2012.

Peet, Richard, Paul Robbins, and Michael Watts, eds. *Global Political Ecology.* Abingdon, UK: Routledge, 2011.

Pels, Peter, and Oscar Salemink, eds. *Colonial Subjects: Essays on the Practical History of Anthropology.* Ann Arbor: University of Michigan Press, 2000.

Phillips, Catherine. *Saving More Than Seeds: Practices and Politics of Seed Saving.* London: Routledge, 2016.

Pickering, Andrew. *The Cybernetic Brain: Sketches of Another Future.* Chicago: University of Chicago Press, 2010.

Pinch, Trevor, and Karin Bijsterveld, eds. *The Oxford Handbook of Sound Studies.* Oxford: Oxford University Press, 2010.

Pitt, Hannah. "An Apprenticeship in Plant Thinking." In *Participatory Research in More-Than-Human Worlds*, edited by Michelle Bastian, Owain Jones, Niamh Moore, and Emma Roe, 106—120. London: Routledge, 2016.

Plumwood, Valerie. *Environmental Culture: The Ecological Crisis of*

Reason. London: Routledge, 2002.

Plumwood, Valerie. *Feminism and the Mastery of Nature.* London: Routledge, 1993.

Pollan, Michael. *The Botany of Desire: A Plant's-Eye View of the World.* New York: Random House, 2002.

Polletta, Francesca. *It Was Like a Fever: Storytelling in Protest and Politics.* Chicago: University of Chicago Press, 2006.

Pols, Jeannette, and Sarah Limburg. "A Matter of Taste? Quality of Life in Day-to-Day Living with ALS and a Feeding Tube." *Culture, Medicine, and Psychiatry* 40, no.3 (2016): 361—382.

Probyn, Elspeth. *Eating the Ocean.* Durham, NC: Duke University Press, 2016.

Raffles, Hugh. *Insectopedia.* New York: Vintage Books, 2010.

Raffles, Hugh. "Twenty-Five Years Is a Long Time." *Cultural Anthropology* 27, no.3 (2012): 526—534.

Rawls, John. *A Theory of Justice.* 1971. Reprint, Cambridge, MA: Harvard University Press, 2009.

Rebanks, James. *The Shepherd's Life: A Tale of the Lake District.* London: Penguin, 2015.

Reno, Joshua. "Waste and Waste Management." *Annual Review of Anthropology* 44 (2015): 557—572.

Rice, Robert. "Noble Goals and Challenging Terrain: Organic and Fair Trade Coffee Movements in the Global Marketplace." *Journal of Agricultural and Environmental Ethics* 14, no.1 (2001): 39—66.

Richards, Audrey I. *Hunger and Work in a Savage Tribe: A Functional Study of Nutrition among the Southern Bantu.* 1932. Reprint, London: Routledge, 2013.

Roe, Emma J. "Things Becoming Food and the Embodied, Material Practices of an Organic Food Consumer." *Sociologia Ruralis* 46, no.2 (2006): 104—121.

Rozin, Paul, Maureen Markwith, and Caryn Stoess. "Moralization and Becoming a Vegetarian: The Transformation of Preferences into Values and the

Recruitment of Disgust." *Psychological Science* 8, no.2（1997）：67—73.

Sanabria, Emilia, and Emily Yates-Doerr. "Alimentary Uncertainties：From Contested Evidence to Policy." *BioSocieties* 10, no.2（2015）：117—124.

Schneider, Daniel. *Hybrid Nature：Sewage Treatment and the Contradictions of the Industrial Ecosystem.* Cambridge, MA：MIT Press, 2011.

Schrempp, Gregory. "Catching Wrangham：On the Mythology and the Science of Fire, Cooking, and Becoming Human." *Journal of Folklore Research* 48, no.2（2011）：109—132.

Serres, Michel. *The Parasite.* Minneapolis：University of Minnesota Press, 2013.

Serres, Michel. *Le Passage du Nord-Ouest.* Paris：Éditions du Minuit, 1980.

Serres, Michel, and Bruno Latour. *Conversations on Science, Culture, and Time.* Ann Arbor：University of Michigan Press, 1995.

Sexton, Alexandra E. "Eating for the Post-Anthropocene：Alternative Proteins and the Biopolitics of Edibility." *Transactions of the Institute of British Geographers* 43, no.4（2018）：586—600.

Shapin, Steven. "Descartes the Doctor：Rationalism and Its Therapies." *British Journal for the History of Science* 33, no.2（2000）：131—154.

Shapin, Steven. "The Sciences of Subjectivity." *Social Studies of Science* 42, no.2（2012）：170—184.

Shepherd, Gordon M. *Neurogastronomy：How the Brain Creates Flavor and Why It Matters.* New York：Columbia University Press, 2011.

Simms, Eva-Maria. "Eating One's Mother：Female Embodiment in a Toxic World." *Environmental Ethics* 31, no.3（2009）：263—277.

Skodje, Gry I., Vikas Sarna, Ingunn Minelle, Kjersti Rolfsen, Jane Muir, Peter Gibson, Marit Veierød, Christine Henriksen, and Knut Lundin. "Fructan, Rather Than Gluten, Induces Symptoms in Patients with Self-Reported Nonceliac Gluten Sensitivity." *Gastroenterology* 154, no.3（2018）：529—539.

Sneijder, Petra, and Hedwig F. M. te Molder. "Disputing Taste：Food Pleasure as an Achievement in Interaction." *Appetite* 46, no.1（2006）：107—116.

Sneijder, Petra, and Hedwig F. M. te Molder. "Normalizing Ideological Food Choice and Eating Practices: Identity Work in Online Discussions on Veganism." *Appetite* 52, no.3（2009）: 621—630.

Solomon, Harris. *Metabolic Living: Food, Fat, and the Absorption of Illness in India*. Durham, NC: Duke University Press, 2016.

Spang, Rebecca. *The Invention of the Restaurant*. Cambridge, MA: Harvard University Press, 2001.

Stengers, Isabelle. *In Catastrophic Times: Resisting the Coming Barbarism*. London: Open Humanities Press, 2015.

Sterckx, Roel. *Food, Sacrifice, and Sagehood in Early China*. Cambridge: Cambridge University Press, 2011.

Stoller, Paul. *The Taste of Ethnographic Things: The Senses in Anthropology*. Philadelphia: University of Pennsylvania Press, 1989.

Strathern, Marilyn. *After Nature: English Kinship in the Late Twentieth Century*. New York: Cambridge University Press, 1992.

Strathern, Marilyn. "Eating（and Feeding）." *Cambridge Journal of Anthropology* 30, no.2（2012）: 1—14.

Strathern, Marilyn. "The Limits of Auto-Ethnography." In *Anthropology at Home*, edited by Anthony Jackson, 59—67. London: Tavistock, 1987.

Strathern, Marilyn. *Partial Connections*. Updated ed. Savage, MD: Rowman & Littlefield, 2004.

Struhkamp, Rita M. "Patient Autonomy: A View from the Kitchen." *Medicine, Health Care and Philosophy* 8, no.1（2005）: 105—114.

Struhkamp, Rita M., Annemarie Mol, and Tsjalling Swierstra. "Dealing with In/Dependence: Doctoring in Physical Rehabilitation Practice." *Science, Technology, and Human Values* 34, no.1（2009）: 55—76.

Sutton, David E. *Remembrance of Repasts: An Anthropology of Food and Memory*. 2nd ed. Oxford: Berg, 2001.

Swierstra, Tsjalling. *De sofocratische verleiding: Het ondemocratische karakter van een aantal moderne rationaliteitsconcepties*. Kampen, Netherlands: Kok/Agora, 1998.

Taylor, Jean Gelman. *The Social World of Batavia: European and Eurasian in Dutch Asia.* Madison: University of Wisconsin Press, 1983.

Teil, Geneviève, and Antoine Hennion. "Discovering Quality or Performing Taste? A Sociology of the Amateur." In *Qualities of Food: Alternative Theoretical and Empirical Approaches*, edited by Mark Harvey, Andrew McMeekin, and Alan Warde, 19—37. Manchester, UK: Manchester University Press, 2004.

Thompson, Charis. "When Elephants Stand for Competing Philosophies of Nature: Amboseli National Parc, Kenya." In *Complexities*, edited by John Law and Annemarie Mol, 166—190. Durham, NC: Duke University Press, 2002.

Tresch, John. *The Romantic Machine: Utopian Science and Technology after Napoleon.* Chicago: University of Chicago Press, 2012.

Tsing, Anna L. *Friction: An Ethnography of Global Connection.* Princeton, NJ: Princeton University Press, 2004.

Tsing, Anna L. *The Mushroom at the End of the World: On the Possibility of Life in Capitalist Ruins.* Princeton, NJ: Princeton University Press, 2015.

Tsing, Anna L., Heather Swanson, Elaine Gan, and Nils Bubandt, eds. *Arts of Living on a Damaged Planet: Ghosts and Monsters of the Anthropocene.* Minne-apolis: University of Minnesota Press, 2017.

Van de Port, Mattijs, and Annemarie Mol. "Chupar Frutas in Salvador da Bahia: A Case of Practice-Specific Alterities." *Journal of the Royal Anthropological Institute* 21, no.1 (2015): 165—180.

Van der Horst, Hilje, Stefano Pascucci, and Wilma Bol. "The 'Dark Side' of Food Banks? Exploring Emotional Responses of Food Bank Receivers in the Netherlands." *British Food Journal* 116, no.9 (2014): 1506—1520.

van Dooren, Thom. *Flight Ways: Life and Loss at the Edge of Extinction.* New York: Columbia University Press, 2014.

Van Huis, Arnold, Marcel Dicke, and Joop J. A. van Loon. "Insects to Feed the World." *Journal of Insects as Food and Feed* 1, no.1 (2015): 3—5.

Vilaça, Aparecida. "Relations between Funerary Cannibalism and Warfare Can-nibalism: The Question of Predation." *Ethnos* 65, no.1 (2000): 83—106.

Visser, Margaret. *The Rituals of Dinner: The Origins, Evolution, Eccentricities, and Meaning of Table Manners.* 1991. Reprint, New York: Open Road Media, 2015.

Viveiros de Castro, Eduardo. *Cannibal Metaphysics*. Edited and translated by P. Skafish. Minneapolis: University of Minnesota Press, 2015.

Viveiros de Castro, Eduardo. "Exchanging Perspectives: The Transformation of Objects into Subjects in Amerindian Ontologies." *Common Knowledge* 10, no.3 (2019): 463—484.

Viveiros de Castro, Eduardo. "Perspectival Anthropology and the Method of Controlled Equivocation." *Tipití* 2, no.1 (2004): 3—22.

Voedingscentrum. "Dioxines." Accessed June 24, 2019. https://www. voedings centrum.nl/encyclopedie/dioxines.aspx.

Voedingscentrum. "Eiwitten." Accessed August 2016. http://www.voedings centrum.nl/encyclopedie/eiwitten.aspx.

Voedingscentrum. "Hoeveel en wat kan ik per dag eten?" Accessed August 2016. http://www.voedingscentrum.nl/nl/schijf-van-vijf/eet-gevarieerd.aspx.

Voedingscentrum. "Missie en visie." Accessed August 2016. http://www. voedings centrum.nl/nl/service/over-ons/hoe-werkt-het-voedingscentrum-precies/missie-en-visie-voedingscentrum.aspx.

Voedingscentrum. "Nitraat." Accessed August 2016. http://www. voedingscentrum.nl/nl/nieuws/voedingscentrum-herziet-adviezen-voor-nitraatinname.aspx.

Voedingscentrum. "Schijf van Vijf." Accessed August 2016. http://www. voedings centrum.nl/nl/schijf-van-vijf/schijf.aspx.

Vogel, Else. "Clinical Specificities in Obesity Care: The Transformations and Dissolution of 'Will' and 'Drives.' " *Health Care Analysis* 24, no.4 (2016): 321—337.

Vogel, Else. "Hungers That Need Feeding: On the Normativity of Mindful Nourishment." *Anthropology and Medicine* 24, no.2 (2017): 159—173.

Vogel, Else. "Metabolism and Movement: Calculating Food and Exercise or Activating Bodies in Dutch Weight Management." *BioSocieties* 13, no.2 (2018): 389—407.

Vogel, Else, and Annemarie Mol. "Enjoy Your Food: On Losing Weight and Taking Pleasure." *Sociology of Health and Illness* 36, no.2 (2014): 305—317.

Warde, Alan. *The Practice of Eating*. Hoboken, NJ: John Wiley & Sons, 2016.

Watson, James, ed. *Golden Arches East: McDonald's in East Asia*. Redwood City, CA: Stanford University Press, 2006.

Watson, James, and Melissa Caldwell, eds. *The Cultural Politics of Food and Eating: A Reader.* Malden, MA: Blackwell, 2005.

Wiggins, Sally. "Talking with Your Mouth Full: Gustatory Mmms and the Embodiment of Pleasure." *Research on Language and Social Interaction* 35, no.3 (2002): 311—336.

Wiggins, Sally, and Jonathan Potter. "Attitudes and Evaluative Practices: Category vs. Item and Subjective vs. Objective Constructions in Everyday Food Assessments." *British Journal of Social Psychology* 42, no.4 (2003): 513—531.

Willems, Dick. "Inhaling Drugs and Making Worlds: The Proliferation of Lungs and Asthmas." In *Differences in Medicine: Unravelling Practices, Techniques and Bodies*, edited by Marc Berg and Annemarie Mol, 105—118. Durham, NC: Duke University Press, 1998.

Wittgenstein, Ludwig. *Philosophical Investigations*. 1953. Reprint, Hoboken, NJ: John Wiley & Sons, 2009.

Wittgenstein, Ludwig. *Tractatus Logico-Philosophicus*. 1921. Reprint, London: Routledge, 2013.

Wrangham, Richard. *Catching Fire: How Cooking Made Us Human*. New York: Basic Books, 2009.

Wylie, John. "A Single Day's Walking: Narrating Self and Landscape on the South West Coast Path." *Transactions of the Institute of British Geographers* 30, no.2 (2005): 234—247.

Yanow, Dvora, Marleen van der Haar, and Karlijn Völke. "Troubled Taxonomies and the Calculating State: Everyday Categorizing and 'Race-Ethnicity' —the Netherlands Case." *Journal of Race, Ethnicity and Politics* 1, no.2 (2016): 187—226.

Yates-Doerr, Emily. "Counting Bodies? On Future Engagements with Science Studies in Medical Anthropology." *Anthropology and Medicine* 24, no.2 (2017): 142—158.

Yates-Doerr, Emily. "Intervals of Confidence: Uncertain Accounts of Global Hunger." *BioSocieties* 10, no.2（April 2015）: 229—246.

Yates-Doerr, Emily. "The Opacity of Reduction: Nutritional Black-Boxing and the Meanings of Nourishment." *Food, Culture and Society* 15, no.2（2012）: 293—313.

Yates-Doerr, Emily. *The Weight of Obesity: Hunger and Global Health in Postwar Guatemala*. Berkeley: University of California Press, 2015.

Yates-Doerr, Emily. "The World in a Box? Food Security, Edible Insects, and 'One World, One Health' Collaboration." *Social Science and Medicine* 129（2015）: 106—112.

Young, Robert J. *Colonial Desire: Hybridity in Theory, Culture and Race*. London: Routledge, 2005.

Zaman, Shahaduz, Nasima Selim, and Taufiq Joarder. "McDonaldization without a McDonald's: Globalization and Food Culture as Social Determinants of Health in Urban Bangladesh." *Food, Culture and Society* 16, no.4（2013）: 551—568.

索　引

本索引中的页码为原书页码，即本书边码。方括号中的页码指本书正文侧边栏中术语的页码。n 指本书注释。

原书索引以英文首字母为序编排。为读者方便查阅，本书以术语中译首字汉语拼音为序重新编排，分组为译者所加。

263

译后记：我们如何向食物敞开自身？

后记标题的这一问听起来可能有些拗口，对于我们来说，更熟悉的一问或许是："我们如何向世界敞开？"我们首先会想到它是经典的现象学议题，我们也熟悉问题的答案：始于"本质直观"，而后经历本体论转向，到达了梅洛-庞蒂的知觉现象学。针对自我与他者边界的问题，梅洛-庞蒂的存在论强调主体间性，它基于儿童时期未分化的自他体验，指向一个心-身-世界同一的感知主体。摩尔老师在本书中对他的观点进行了回顾和发挥，鼓励我们通过吃这样的日常实践来"重新想象存在，把它想象为半渗透性身体在拓扑意义上错综复杂的世界间的一种转化性参与"。与这个脉络有关的讨论尽管在书中不断隐现，但摩尔老师的关注点却不限于此。她以旧的理论体系与新的与吃相关的自我民族志和世界民族志故事进行碰撞的方式，重新回顾、审视过去理论背后的假设和关切——类似于福柯意义上话语出现与消失的可能性条件，关注"不同的经验构型"如何"可能激发不同的理论修辞"，并不断地推动我们将这种自反式的思路运用于对理论汇辑的拓宽和创新。

除了自我与他者关系的理论视域，"我们如何向世界敞开"的更广泛和迫切的学术关切是：在自然生态不断恶化的背景之下，我们如何看待与周遭世界更为多样和复杂的联系，如何超越人与自然的划分以重新审视与自然之间的关系。在这个背景下，多物种民族志作品涌现，其涉及的理论和概念不限于：万物有灵论，行动者网络，寓居的本体论，人与物之间的相互编织、缠绕……同样，在这本书中，摩尔老师受到上述理论影响而展开的另一条线索是"被技术和社会因素介入"的饮食，将广泛涉及"农业、分销网络、技能、设备、商店和金钱"的饮食实践看作是"一个发散的社会物质集合的努力"。因此，在吃东西时，人与周围环境的关系，是处于一个"复杂的拓扑空间"之中，并非"我穿越了世界"，而是"世界穿越了我"。同时，她强调不"以劫夺的方式消解人类例外主义"，即不将"'人类'的特质散播到世界其余事物上"，而是对这些特质本身进行考察。

摩尔老师的这本书就是在以上这些关切的交织中展开的，涵盖了章节标题中存在、认识、行动、关联这些要素。关于日常食物的民族志——书中所涉及的比萨、酸奶、巧克力、菠菜蛋饼、番茄汤等等（以及与这些食物的生产和消费有关的非生物或技术）听起来或许不如其他多物种民族志的研究对象那样特殊和具有吸引力，但却给了我们去思考"敞开自身"问题的最佳入口——这些食物于我们是如此亲近和熟悉，以至于如果新的理论视角从中产生，会格外令人感到惊喜。摩尔老师的民族志分析关注这些日常的食物如何能够"适应"和形塑主体，如何触发及"演成"（enact）现实，尽管该拉图尔理论进路的民族志写作早在她2002

年出版的《多重身体：医疗实践中的本体论》一书中就被运用，但本书中许多分析的创新和独到却让人眼前一亮。我此前关注饮食人类学，并翻译完成《餐桌边的哲学家》一书，原以为对饮食相关的哲学讨论和民族志的角度已经很熟悉，但阅读摩尔老师该书的过程不断打开我的视角。比如，味觉实验室中品尝者们构成的"身体间机器"，与一种评估和关怀性参与的逻辑所形成的对比；协调物种竞争关系的圩田网与锁，能够启发我们思考距离我们更远的多物种共同体。以我在此简单的列举，实在无法体现它的特别之处，可以说摩尔老师的这本书在现象学本体论、动物伦理学、哲学人类学、多物种民族志等范畴中，都具有重要的意义。

2020年末，在摩尔老师于阿姆斯特丹社会科学研究所（AISSR）开设的田野课中，我与她有了面对面的交流。她非常平易近人，会严肃地对待我们每个人发表的言论，并给予用心的反馈。这是一节很特别的田野课，彼时荷兰由于疫情处于半封闭的情况，我也恰好正在回国隔离当中，各在一方，大家的活动范围却都一样有限。摩尔老师教我们针对日常生活中的情形进行深描，后来大家提交的课程作业有描述隔壁人家清理屋顶、超市门口对手推车进行消毒甚至是收快递的情形。事实上，平凡场景的描写正是摩尔老师的强项，用格尔兹的话说，她特别擅长从"鲜活的生活的细枝末节"中汲取理论灵感。她鼓励我们深挖田野点环境和具体语境对于看似平平无奇的情绪、对话和行为的塑造，用她的话说，就是"多层次"的深描。在阅读她的书时，我会感觉她将对话进行深度拆解甚至"文本细读"，能够感受到她将哲学方法运用于民族志描写。扎实遇见细腻，以小见大，这是她独特的民族志范式。刚进入人文社科学术的同学们经常会提出和思考这样一个朴素的问题：理论汇辑究竟还有无创新的可能？大家在问这个问题时，并非仅仅感叹于西方理论体系的固化，而是出于更为实际的关切——进行学术研究，那故纸堆里还有无新意？日光下之事还有没有新的解读角度？十分寻常的研究对象能否做出成果？这些问题现在听起来或许很幼稚，但我认为摩尔老师的写作和范式给予了这个朴素的问题一个很好的回应。

翻译本身也是摩尔老师很关注的问题，原因与她关注话语形成的条件一脉相承：不同语言中（经过翻译的）同一词汇背后的假设却不同。比如，她在与约翰·劳（John Law）一起组织的关于该话题的特刊简介中举例指出，比起英语来说，法语的语言体系更容易让人将物"作为"行动者。在翻译这本书的过程中，我也十分注意词语背后隐含的倾向。比如说在《照护的逻辑》一书中，"care"一词更多指的是一种（对患者的）关怀，而本书中的某几处"care"更强调一种关注、留心和改进，因此全部翻译成"照护"就不合适。但即便如此，本书所涉领域颇广，翻译难免有疏漏与不精确之处，责任全在我，期待专家们批评指正。

另值得一提的是，本书的注释部分很值得关注，摩尔老师很少在原文中引用文献，这也是她习惯的做法。在《多重身体》中，她就解释过原因："我对这种体裁（指简单引用文献）并不十分满意，因为这存在一种危险，在作出论断时，它也暗中加强了某一些假设。"此外，她认为这种引用永远不可能道尽与文献足够具体的联系。出于对细节的热爱，她宁愿不引用任何参考文献，因为"它们不可避免会过于粗糙"。这也可以解释她的注释多而长，并且不乏精彩的补充性论点。在很多地方，一条注释就是对某一领域文献的小型综述，可以作为"延伸阅读"。

由于本书涵盖的内容和主题广泛，并且书的形式也力图呼应一种复杂、交缠的网络，呈现和鼓励一种非线性的阅读体验，并且注重"启示"而非"结论"，因此在一些内容上难免让人感觉意犹未尽，甚至仅仅只是抛出了问题。但这也是摩尔老师使该书不同于她此前作品的目的。她应该很希望看到本书中的任何一种食物或理论视角能够被进一步书写和应用。最后，感谢上海人民出版社引进该书，感谢吕子涵编辑、于力平编辑对该书倾注的精力和与我耐心的沟通，使这样一本在理论和田野方法上都能给人以启发的书得以与中国读者见面。

冯小旦

2022 年 8 月 5 日，于苏州

图书在版编目(CIP)数据

吃的哲学/(荷)安玛丽·摩尔(Annemarie Mol)
著;冯小旦译. —上海:上海人民出版社,2023
书名原文:Eating in Theory
ISBN 978 - 7 - 208 - 18013 - 0

Ⅰ.①吃…　Ⅱ.①安…②冯…　Ⅲ.①人生哲学
Ⅳ.①B821

中国版本图书馆 CIP 数据核字(2022)第 202813 号

责任编辑　吕子涵　于力平
封面设计　林　林

吃的哲学

[荷兰]安玛丽·摩尔　著

冯小旦　译

出　　版　上海人民出版社
　　　　　　(201101　上海市闵行区号景路 159 弄 C 座)
发　　行　上海人民出版社发行中心
印　　刷　上海商务联西印刷有限公司
开　　本　635×965　1/16
印　　张　18.25
插　　页　3
字　　数　197,000
版　　次　2023 年 3 月第 1 版
印　　次　2023 年 3 月第 1 次印刷
ISBN 978 - 7 - 208 - 18013 - 0/B·1662
定　　价　78.00 元

MINERVA

· 密涅瓦 ·